◆高等学校实验课系列教材

应用化学专业基础实验

主　编◎胡小华

副主编◎刘　楠

U0240269

重庆大学出版社

内容提要

本书共 4 章,内容包括绪论、结构化学实验、基础电化学实验和延伸阅读。绪论部分对实验安全、计算方法及软件进行了介绍,为学生开展实验做铺垫。实验部分共计 23 个实验项目,涵盖了结构化学和电化学基础实验的原理和方法,引入了近年来应用化学发展新成就,兼顾了理论计算和电化学新技术的实际应用。延伸阅读部分是对教材内容的补充和扩展,旨在为学生提供广阔的知识视野和深入思考的空间,帮助学生更全面地理解应用化学学科体系。

本书可作为高等院校化学化工类专业相关基础实验课程的配套教材,也可供职业大学、函授大学、网络学院师生使用。

图书在版编目(CIP)数据

应用化学专业基础实验 / 胡小华主编. -- 重庆:
重庆大学出版社, 2024.7. -- (高等学校实验课系列教
材). -- ISBN 978-7-5689-4655-1

Ⅰ. O69-33

中国国家版本馆 CIP 数据核字第 2024SN1927 号

应用化学专业基础实验

主 编 胡小华
副主编 刘 楠
策划编辑:范 琪

责任编辑:张红梅　　版式设计:范 琪
责任校对:邹 忌　　责任印制:张 策

*

重庆大学出版社出版发行
出版人:陈晓阳
社址:重庆市沙坪坝区大学城西路 21 号
邮编:401331
电话:(023)88617190　88617185(中小学)
传真:(023)88617186　88617166
网址:http://www.cqup.com.cn
邮箱:fxk@cqup.com.cn(营销中心)
全国新华书店经销
重庆升光电力印务有限公司印刷

*

开本:787mm×1092mm　1/16　印张:8　字数:177 千
2024 年 7 月第 1 版　2024 年 7 月第 1 次印刷
ISBN 978-7-5689-4655-1　定价:36.00 元

PREFACE
前　言

　　应用化学专业旨在培养学生扎实的化学基础知识和较强的应用研究及技术开发能力。重庆大学应用化学专业于 2007 年入选重庆大学首批优势特色专业，"应用化学专业基础实验"作为应用化学专业非常重要的实验课程，对培养学生理论联系实际的能力和提高学生动手能力等具有重要作用。然而，应用化学专业由于涵盖面广，很难找到恰当教材。为此，重庆大学化学化工学院应用化学系于 2000 年 6 月编写了《应用化学专业实验讲义》，并在使用过程中多次对原讲义进行补充和修订。

　　近些年，科学技术发展日新月异，为各个学科专业带来了无限活力和挑战，同时也对创新型专业人才培养提出了更高要求。为进一步提升应用化学专业实验教学质量，满足应用化学专业实验多样性、普适性、先进性、时代性的要求，并结合重庆大学应用化学专业方向特色，重庆大学化学化工学院应用化学系胡小华副教授邀请多位老师编写了《应用化学专业基础实验》，用于应用化学专业"结构化学"和"电化学原理"等核心课程的实验教学。

　　本书保留了原《应用化学专业实验讲义》中的经典实验，从实验设计思路到具体实验内容均进行了更新和补充，设置了结构化学相关实验 8 个、电化学相关实验 15 个。实验项目选题突出基础性和实用性，重点关注结构化学和电化学的基础实验原理和方法，同时兼顾理论计算和电化学方向新技术的实际应用，致力于实验与理论教学的有机融合，注重实验原理与应用化学理论紧密结合。本书对实验仪器及药品规格进行了量化，便于实验员准备实验及学生操作，并引入"延伸阅读"，以拓宽研究的广度和深度，提升学生思维的活跃度和对本学科的认知度。

本书由胡小华担任主编,由刘楠担任副主编,李凌杰、向斌、陈效华、刘渝萍、李哲峰、商波等参与编写。李凌杰等对本书内容进行了审阅,刘楠对本书进行了文字排版和校对。在此,对大家的支持和帮助表示衷心感谢。

由于编者水平有限,书中不妥之处敬请批评指正。

编　者

2024 年 2 月

CONTENTS
目 录

第 1 章　绪　论

1.1　应用化学专业基础实验的目的

应用化学专业基础实验是一门介绍应用化学基础知识、基本理论、基本技能、相关工程技术知识和培养学生较强实验技能的应用型实验课程。本课程旨在通过实验教学让学生具有化学基础研究和应用基础研究方面的科学思维,提升学生的科学实验操作能力,使他们能在今后的科研机构、高等学校及企事业单位等从事教学工作、科学研究工作等。

应用化学专业基础实验,是学生学习和发展的重要途径和手段,其目的是对学生进行综合考核和培养。学生应该认真对待并积极参与应用化学专业基础实验,充分利用实验资源,提高自己的理论水平和实践能力。学生应该掌握应用化学专业基础实验的基本概念、原理和公式,了解应用化学专业基础实验的背景、目的和意义,能够根据实验内容和要求选择合适的理论模型和计算方法,能够分析和解释实验结果和实验现象,能够评价实验的可靠性和有效性,提出合理的建议和改进措施。学生应熟练掌握应用化学专业基础实验的基本操作和技巧,能够正确使用和维护实验仪器和设备,能够按照实验步骤和规范进行实验,能够注意实验安全和环保,能够准确测量和记录实验数据,能够运用计算机和软件进行数据分析和处理,能够撰写规范的实验报告和论文。学生应该具有探索和创新的精神及能力,能够结合实际问题和前沿动态,设计和开展有创意的应用化学专业基础实验,能够发现和解决实验中的问题及困难,能够提出新的观点和见解,能够参与和开展应用化学的科研项目及活动。

1.2　应用化学专业基础实验的学习方法与要求

1) 实验预习

实验预习是提高应用化学专业基础实验效果和质量的关键,也是培养学生化学思维和实验能力的重要途径。学生需要认真对待实验预习,充分利用实验教材和相关参考资料,提前了解实验的目的、原理、方法和注意事项,做到心中有数、手中有笔,为实验的顺利开展打下坚实的基础。实验预习需关注以下几个重点内容:①明确实验探究的是什么化学现象或规律,要得到什么现象或结果,验证或检验什么理论或假设;②简要阐述实验的基本原理,包括实验所依据的化学理论、实验测量的物理量之间的关系、实验数据的处理方法和计算公式等;③介绍实验的具体操作步骤,包括实验所用的仪器、药品、相关参数等,以及实验中的关键操作和注意事项,如仪器的调试、数据的记录、误差的分析等;④设计实验数据的记录表格,尽可能用一个表格将实验测量数据、数据处理过程中的中间数据和最终结果都体现出来,方便查阅和分析;⑤提出预习中遇到的疑问或困惑,以及实验中可能出现的问题和解决办法,为实验的顺利进行做好准备。学生通过以上内容,简明扼要地完成相应的预习报告,并在实验前交给指导老师检查。老师应对学生预习情况有针对性地提问和指导,为学生答疑解惑,讲解实验中的重点和难点,确保达到预习要求。

2) 实验操作过程

实验操作是应用化学专业基础实验的一个重要方面,涉及实验的安全、效果和质量,是保证实验安全、正常进行的前提,也是培养学生化学思维和实验能力的重要途径。学生应该认真遵守实验操作要求,做到操作规范,数据真实,思维活跃,为实验的成功奠定坚实的基础。

学生进入实验室前,应核对实验仪器和药品,阅读仪器使用说明书,不得擅自启动仪器。实验前,指导老师应检查学生的预习报告和预习情况,讲解实验的重点和难点,解答学生的疑问,对实验操作和仪器使用进行必要的指导。未预习或预习不合格的学生,不得进行实验。

实验过程中,学生应严格按照实验教材和仪器说明书的要求,准确无误地进行操作,严格控制实验参数,仔细观察实验现象,准确记录实验数据,积极思考实验问题,及时分析和解决实验中出现的异常情况。实验操作过程中,学生应保持实验室安静、整洁,不得大声喧哗和随意离开实验台,不得使用与实验无关的仪器和试剂,不得随意改变仪器和试剂的位置,对特殊仪器应采取领取和归还的管理制度。学生应尊重事实,不得随意涂改或伪造实验数据,不得抄袭他人的实验数据,不得补记实验数据,所有数据都应记录在原始记录单上,数据记录要详细、准确、整洁、清楚,根据仪器的精度,做到实事求是,科学严谨。

实验结束后,学生应将实验原始数据交指导老师检查并签字,数据不合格的应重做,直至获得满意结果。实验结束后,学生应及时清洗、整理和核对仪器,做好仪器使用情况登记,若发现仪器有损坏,应及时向指导老师报告,做好登记并及时添补。实验结束后,学生应做好实验室清洁卫生,经指导老师同意后,方可离开实验室。

3) 实验报告撰写

实验报告的撰写是应用化学专业基础实验的一个重要环节,是学生对实验内容的理解和掌握程度的体现,也是考核学生实验能力和写作能力的重要依据,更是培养学生科学素养和综合能力的重要途径。学生应认真对待实验报告的撰写,做到内容完整、格式规范、逻辑清晰、语言简洁,对实验整体环节做出总结和反思。

实验报告必须由学生独立完成,要有自己的见解,体现个人的思维和创新能力,不得抄袭或借用他人的实验报告。实验报告应采用统一的专用实验报告单,按照规定的格式和顺序书写,字迹清楚,表格整齐,图形规范,符号统一,单位正确,引用文献要注明出处。

实验报告的内容应包括以下几个部分:实验日期、实验地点、课程名称、实验项目名称、实验目的、实验原理及方案设计、实验仪器和药品、实验操作步骤、实验数据记录及处理、实验结果及讨论。其中,实验原理及方案设计部分应简要阐述实验的基本原理和设计思路;实验操作步骤部分应扼要描述实验的关键操作过程和注意事项;实验数据记录及处理部分应详细、准确、实事求是地记录数据,给出数据处理的计算公式和计算过程,并用图表形式表达实验结果;实验结果及讨论部分应对实验结果的可靠性、合理性、误差来源及影响因素进行分析和评价,对实验现象及方法进行解释和评价,提出实验心得和改进意见。

实验报告的撰写应遵循逻辑顺序和逻辑关联,使实验的目的、原理、方法、结果和讨论相互呼应,相互支持,形成一个完整的科学论证过程,避免出现重复、矛盾或无关的内容。实验报告的撰写应使用简练、准确、规范的语言,避免使用模糊、冗长、复杂的语言,避免使用口语、俗语或带感情色彩的语言,避免使用主观、随意或不恰当的语言。

4) 综合设计性实验

根据选定的研究项目查阅文献资料,了解项目研究的背景、现状及意义,并收集研究可能涉及的实验方法和分析技术,为设计实验方案做准备。文献资料包括科技论文、教科书、各类化学手册、有关部门出版的分析操作规程及相关国家标准等。

在查阅文献资料的基础上,对收集的资料进行整理、分析和比较,然后拟订出恰当的实验方案,并按实验目的、原理、试剂(需说明规格、浓度及配制方法)、仪器、步骤、处理实验数据的相关计算、分析误差来源的方法及采取的措施、参考文献的顺序,将实验方案撰写成文。

1.3　学生实验守则

（1）实验前应认真预习，写好预习报告，了解实验的目的、原理、步骤、注意事项和安全措施。

（2）实验前要按实验要求核对仪器和药品。如仪器破损或药品不足，应向指导老师报告，及时更换或补充。

（3）实验前要穿好实验服、戴好实验手套和防护眼镜等防护用品，保护自己的身体和眼睛。

（4）实验前要清理实验台面，将不必要的物品放到指定的地方，避免干扰实验。

（5）实验时学生应遵守实验操作规程，遵守安全守则，保证实验顺利进行。如遇到不明白或有困难的地方，应及时向指导老师请教，不要盲目操作或猜测。

（6）遵守纪律，不迟到，不早退，实验过程保持安静，不要大声喧哗，不做与实验无关的事情。

（7）应本着节约的原则使用水、电、气、药品试剂等。实验时，应按实验需用量使用药品，不得随意浪费。使用精密仪器时，必须严格按照操作规程，发现仪器故障，应立即停止使用，并报告指导老师，及时排除故障。

（8）未经指导老师允许，不得擅自操作仪器，以免损坏设备。对连接电路的实验，在学生连接电路后，要经过指导老师检查，认为合格后才能接通电源。为避免造成仪器的损坏，必须严格按操作规定使用仪器，不得随意改变操作电源。

（9）实验时，只许使用本组的仪器。如出现故障，须向指导老师报告，不许擅自动用他人的仪器而影响他人实验。实验时，除实验装置及必需用具与书籍外，其余物品一律不许放置在实验桌上。

（10）实验时，要集中注意力，认真操作，如实记录。不要随意改动或伪造实验数据，不要抄袭或借用他人的实验结果。实验中如发生事故，如火灾、爆炸、中毒、烫伤等，应立即报告指导老师，并采取紧急措施，保护自己和他人的安全。

（11）实验后，应将仪器清洗干净，放回原处，清理实验台面。废液应倒入指定的废液桶，不要乱倒或倒入水槽。保持实验室卫生，做到整洁、干净，不要乱扔废纸、废物。

（12）实验后，要及时整理实验数据，写好实验报告，反思实验过程和不足，总结实验收获和结果，提出改进意见和建议。

（13）实验结束后，应将实验用水源关闭，切断电源。值日生应按规定打扫实验室，检查门、窗是否关好，以保证实验室的安全。

1.4 实验室安全守则

1.4.1 实验室常规安全知识

1)安全基本准则

①遵守实验室各项制度,包括操作规程、安全守则等,保持实验室整洁、安静,不迟到,不早退。

②注意桌面和仪器的清洁,正确处理废弃物,保持水槽清洁,不要将固体物品投入水槽中。废纸和废屑应投入废纸箱内。废酸和废碱应小心倒入废液桶内,切勿倒入水槽,以免腐蚀下水道。

③使用分析天平、分光光度计、酸度计等化学实验室中常用的精密仪器时,应严格按照规定进行操作。

④爱护实验室仪器设备,节约使用试剂、水和电。

⑤进入实验室前,应熟悉实验室的安全设施,如电源、消火栓、灭火器、紧急喷淋装置的位置以及各安全设施的正确使用方法,熟悉各种化学药品的性能和使用规则(特别是剧毒、易燃、易爆药品),了解实验室安全出口和紧急情况下的逃生路线、实验室内的电气总开关、急救药品的位置,以便应对各种突发事故。

⑥在实验过程中,要穿实验服,戴实验手套和防护镜,特别是在使用强酸、强碱等腐蚀性试剂时要格外小心。

⑦实验室内严禁饮食、吸烟,一切化学药品严禁入口,离开实验室时要洗净双手。

⑧实验完毕,学生轮流值日,负责整理、打扫实验室,检查水、电、门、窗是否关闭,以保证实验室的安全。

2)防毒

①实验前,应了解所用药品的毒性及相应的防护措施,尽量避免或减少毒物进入人体。

②实验过程中会产生有毒气体(如 H_2S、Cl_2、Br_2、NO_2、HF、浓 HCl 等)时,实验应在通风橱内(或通风处)进行。

③苯、四氯化碳、乙醚、硝基苯等的蒸气会引起中毒。这些物质虽然有特殊气味,但久嗅会使人嗅觉减弱,所以应在通风良好的情况下使用。

④嗅闻气体时,应用手轻拂气体,将气体扇向自己后再嗅。

⑤有些药品(如苯、有机溶剂、汞等)能透过皮肤进入人体,应避免与皮肤接触。

⑥氰化物、高汞盐[$HgCl_2$、$Hg(NO_3)_2$等]、可溶性钡盐($BaCl_2$)、重金属盐(如镉盐、铅盐)、三氧化二砷等剧毒药品,应妥善保管,不得入口或接触伤口,使用时要特别小心。

3) 防爆

①可燃气体与空气混合,当两者比例达到爆炸极限时,接触热源(如电火花)将引起爆炸。

②使用可燃性气体时,要防止气体逸出,用完后一定要关好气体阀门并保持室内通风良好,严禁使用明火和可能产生电火花的电器。

③开启存有挥发性药品的试剂瓶或安瓿时,必须充分冷却后再开启,开启时瓶口朝向无人方向,以免液体喷溅而伤人。

④有些固体试剂,如高氯酸盐、过氧化物等,受震和受热都易引起爆炸,使用时要特别小心;久贮的乙醚使用前应除去其中可能产生的过氧化物。

⑤严禁将强氧化剂和强还原剂放在一起。

⑥容易引起爆炸的实验,操作时应备有防爆措施。

4) 防火

①许多有机溶剂如乙醚、乙醇、丙酮、苯等非常容易燃烧,使用时室内不应有明火、电火花等,取用完毕后应立即盖紧瓶盖。实验室内不可过多存放易燃药品,用后还要及时回收处理,不可倒入下水道,以免引起火灾。

②有些物质如磷、钠、钾、电石、金属氢化物、铁粉、锌粉、铝粉等,在空气中易氧化自燃,应隔绝空气保存,使用时需特别小心。

③当进行加热、灼烧等操作时,必须严格遵守操作规程。加热易燃溶剂时,必须用水浴或封闭式电炉,严禁用电炉直接加热。

④蒸馏可燃液体时,不得离开或做别的事,应密切注意仪器和冷凝器是否正常运行。需向蒸馏器内补加液体时,应先停止加热、冷却后再加液体。

⑤使用酒精灯时,灯内酒精不得超过灯体积的2/3,灯内酒精不足1/4时先灭灯后添加酒精。点火时必须用火柴随用随点,不用时盖上灯罩。不要用已点燃的酒精灯去点燃其他酒精灯,以免酒精溢出而失火。灭灯时用灯帽盖灭,不可用嘴吹灭。

⑥加热试管时,不要将试管口指向自己或他人。不要俯视正在加热的液体,以免液体溅出,受到伤害。

⑦电炉不可直接放于木质桌面加热,加热设备周围严禁放置可燃、易燃等危险物品。

⑧实验室着火不要惊慌,应根据情况进行灭火。常用的灭火剂是水和干沙,常用的灭火器有二氧化碳灭火器、四氯化碳灭火器、泡沫灭火器和干粉灭火器等,可根据起火的原因选择使用。金属钠、钾、镁、铝粉、电石、过氧化钠着火,应用干沙灭火器;比水轻的易燃液体,如汽油、苯、丙酮等着火,可用泡沫灭火器;有灼烧的金属或熔融物的地方着火时,应用干沙或干粉灭火器;电器或带电系统着火,可用二氧化碳灭火器或四氯化碳灭火器。

5) 防灼伤

①强酸、强碱、强氧化剂、溴、磷、钠、钾、苯酚、冰醋酸等都会腐蚀皮肤,切勿溅在衣服、皮肤上,尤其勿溅到眼睛内。稀释浓硫酸时,应将浓硫酸沿着容器壁慢慢注入水中,同时用玻璃棒不断搅拌,严禁将水倒入浓硫酸中,以免水浮在浓硫酸上,被浓硫酸稀释释放的热量煮沸,迸溅。

②液氧、液氮等低温试剂会严重冻伤皮肤,使用时需戴防护用具,万一冻伤应妥善处理并及时治疗。

1.4.2　实验室用电安全

1) 基本用电准则

①电气绝缘良好,保证安全距离,线路与插座容量及设备功率相适应,不使用"三无"产品。在实验室同时使用多种电气设备时,总用电量和分用电量均应小于设计容量。连接在接线板上的用电总负荷不能超过接线板的最大容量。

②实验室内电气设备及线路设施必须严格按照安全用电规程和设备的要求实施,不许乱接、乱拉电线,墙上电源未经允许,不得拆装,改线。

③不得使用闸刀开关、木质配电板和花线。接线板不能直接放在地面上,不能将多个接线板串联。电源插座需固定,不使用损坏的电源插座,空调应有专门的插座。

④电气设备在未验明无电时,一律认为有电,不能随意触碰。实验室禁止使用电热水壶、"热得快"。计算机、空调、饮水机等不得在无人的情况下开机过夜。实验室的电源总闸每天离开时都应关闭。配电箱、开关、变压器等各种电气设备附近不得堆放易燃、易爆、潮湿和其他影响操作的物件。为了预防电击(触电),电气设备的金属外壳须接地。

④电线、电器不能被水淋湿或浸在导电液体中。

⑤电源裸露部分应有绝缘装置(如电线接头处应裹上绝缘胶布),所有电器的金属外壳都应有效接地。

⑥电线中各接点要牢固,电路元件两端接头不能直接接触,以免发生烧坏仪器、触电、着火等事故。

2) 实验过程中的用电注意事项

①实验前先检查用电设备,检查线路连接是否正确,再接通电源。实验结束后,先关仪器设备,再关闭电源。

②工作人员离开实验室或遇突然断电,应关闭电源,尤其要关闭加热电器的电源开关。未经指导老师许可,不得擅自修理、拆卸、安装电器。

③不得将供电线任意放在通道上,以免因绝缘破损造成短路。电气设备应放在没有易燃、易爆性气体和粉尘及有良好通风条件的专门房间内。电气设备最好有专用线路和

插座。

④室内若有氢气、煤气等易燃易爆气体,应避免产生电火花。继电器工作和开关电闸时,易产生电火花,要特别小心。

⑤杜绝设备超负荷运行和带故障运行,在仪器设备使用过程中,如发现有不正常声响、局部温升或嗅到绝缘漆过热产生的焦味,应立即切断电源,并报告指导老师进行检查。

⑥不可接触设备、仪器的导电部分,如不能用手直接接触电炉金属外壳等,不能徒手拉拽绝缘老化或破损的导线,不用潮湿的手接触电器,不得直接接触绝缘性能不好的电器。

⑦电气设备接通后不可长时间无人看管,要有人值守、巡视、检查,如检查控温器件是否正常,隔热材料是否破损,电源线是否过热、老化等。

⑧高温电热设备,如高温炉、电炉等一定要放置在隔热的水泥台上,绝不可直接放于木头等可燃材质工作台上。电热烘箱一般用来烘干玻璃仪器和加热过程中不分解、无腐蚀性的试剂或样品。

⑨保持电气设备的电压、电流、温升等参数不超过允许值,不要在温度范围的最高限值处长时间使用电气设备。

⑩不要将食物放入存放化学试剂的冰箱内,不要将有毒、易挥发或易爆化学试剂存放在冰箱中。冰箱内保存的化学试剂,应有永久性标签并注明试剂名称、物主、日期等,定期清理冰箱内的药品。

3)使用电烙铁的注意事项

①不能乱用焊锡。
②及时放回烙铁架,用完及时切断电源。
③周围不得放置易燃物品。

4)预防电气火灾的基本措施

①禁止非电工改接电气线路,禁止乱拉临时用电线路。
②做电气类实验时应有 2 人及以上在场。
③实验结束后,现场清除易燃易爆材料。
④当有已损坏的接头、插座或电器接触点(如电插头)接触不良时,应及时修理或更换。
⑤如果加热用电阻丝已坏,更换的新电阻丝一定要和原来的功率一致。
⑥如遇电线起火,应立即切断电源,用干沙或二氧化碳灭火器、四氯化碳灭火器灭火,禁止用水或泡沫灭火器等导电液体灭火。
⑦如有人触电,应迅速切断电源,然后进行抢救。

1.4.3　意外事故处理

①若因乙醇、苯或乙醚等引起着火,应立即用湿布或沙土等扑灭。若遇电气设备着火,必须先切断电源,再用泡沫灭火器或四氯化碳灭火器灭火(实验室应备有灭火设备)。

②若遇烫伤事故,可用高锰酸钾溶液或苦味酸溶液擦洗灼伤处,再搽上凡士林或烫伤油膏。

③若眼睛或皮肤上溅到强酸或强碱,应立即用大量水冲洗,洗眼时要保持眼皮张开,可由他人帮助翻开眼睑,持续冲洗且一边洗一边眨眼睛。如果是碱性灼伤,用2%的硼酸溶液淋洗;如果是酸性灼伤,则用3%的碳酸氢钠溶液淋洗(若溅在皮肤上,最后还可搽凡士林)。切忌用稀酸中和眼内的碱性物质,也不可用稀碱中和眼内的酸性物质。

④当玻璃碎屑或金属碎屑进入眼睛时,切勿用手揉眼睛,也不要试图自行取出碎屑。保持平静,尽量不要转动眼球,让眼睛自然流泪,有时碎屑会随泪水流出;或者用纱布轻轻包住眼睛,紧急送往医院处理。

⑤当木屑、尘粒等异物进入眼睛时,可以由他人帮助翻开眼睑,用清洁的棉签轻轻拨动异物,尽量不要用手直接接触。如果异物不易取出,不要强行尝试,应尽快就医。

⑥当皮肤接触强腐蚀性试剂时,应迅速脱去受污染的衣服,立即用大量流动的清水或肥皂水彻底清洗,冲洗时间不得少于15 min。

⑦对食入有毒有害试剂者应先催吐,催吐前喝500 mL左右水,反复多次催吐,直至呕吐物变成清水为止。如果食入的是强酸、强碱等腐蚀性试剂,应饮牛奶或蛋清。

⑧若吸入氯气、氯化氢等气体,可立即吸入少量乙醇和乙醚的混合蒸气以解毒;若吸入硫化氢气体,则会感到不适或头晕,应立即到室外呼吸新鲜空气。

⑨当被玻璃割伤时,若伤口内有玻璃碎片,须先挑出玻璃碎片,用水洗净伤口,再行消毒、包扎。

⑩遇触电事故,应先切断电源,必要时应进行人工呼吸。

⑪呼吸、心跳停止者,应立即进行人工呼吸和胸外心脏按压术。氰化物等剧毒物中毒者,不能进行口对口的人工呼吸。

⑫伤势较重者应立即送医院救治,任何延误都可能使治疗更加复杂和困难。

1.4.4 实验室"三废"的处理

"三废"是废气、废水、固体废弃物的总称。目前人们环保意识逐渐增强,为了防止污染、保护环境,实验室也在加强对"三废"的处理。根据《中华人民共和国固体废物污染环境防治法》(2020年4月29日修订)、《危险废物贮存污染控制标准》(GB 18597—2023)、《危险化学品安全管理条例》(2013年修订)的有关规定,实验室汇集了一些常见"三废"的处理方法。我们所提废弃物是根据国家规定的废弃物鉴别标准和鉴别方法认定的废弃物。

根据实验室废弃物的特点,应做到分类收集、分类存放、集中处理。处理方法应简单易操作,处理效率高,不需要很多投资。

1)废气处理

实验室废气分无毒害气体和有毒害气体分别处理及排放。对于无毒害气体,可直接通过通风设施排放;对于有毒害气体,需针对不同的性质进行处理。

（1）汞蒸气的处理和排放

①对贮存的液态汞，为了减少汞液面的蒸发，应在汞液面上覆盖化学液体，如甘油、50 g/L硫化钠（$Na_2S \cdot 9H_2O$）溶液，无条件时可用水覆盖。

②溅落在地面的汞（如打碎的水银温度计、水银压力计等），宜撒硫黄粉覆盖。

（2）其他废气的处理和排放

①实验室的少量废气（主要有盐酸蒸气、硝酸蒸气、硫酸酸雾、有机物蒸气、溴蒸气、氨蒸气等）应通过排风设备排至室外。通风管道应有一定高度，使排出的气体能被空气稀释。

②产生的毒气量大时必须经过吸收处理后才能排出，例如，碱性气体（如 NH_3）用回收的废酸吸收，酸性气体（如 SO_2、NO_2、H_2S 等）用回收的废碱吸收。另外，在水或其他溶剂中溶解度特别大或比较大的气体，只要找到合适的溶剂，就可以把它们完全或大部分溶解掉。

③某些数量较少、浓度较高的有毒有机物可于燃烧炉中供给充分的氧气使其完全燃烧，生成二氧化碳和水。

2）废渣的处理

实验产生的一般废渣（如纸屑、木片、碎玻璃、废塑料等）直接收集于实验室垃圾桶。

废液处理产生的沉淀以及其他有害固体废弃物转交指定管理人员妥善保管。

废液通过集中处理后产生的固体废弃物，应按危险物品进行安全处置或统一妥善保管。

3）废液的处理

含有《污水综合排放标准》（GB 8978—1996）中第一类污染物（包括总汞、总镉、总铬、六价铬总砷、总铅、总银、总镍等）的废液和含锌、铜、锰等第二类污染物的废液，应分别设置废液桶，集中处理后排放。

单纯含高浓度酸碱的废液应建立统一的酸碱废液桶，进行中和处理后稀释排放。含高浓度有机物的废液（主要含各种有机废液，如废丙酮、废甲醇、废乙醇、废醋酸、废油等）应建立贮液桶，集中贮存。

没有被污染的剩余液体产品如醋酸、液碱、硫酰、盐酸、甲醇等应回收利用。回收的废液应分别用洁净的容器盛装，同类废液浓度高的应集中贮存，以便于回收。某些组分浓度低的经适当处理达标即可排放。

其他一般废液排放时用大量水稀释。

4）废液的贮存原则

①根据废液的性质选择合适的容器和存放点。

②废液应用密闭容器贮存，禁止混合贮存，以免发生剧烈化学反应而造成事故。容器应防渗漏，防止挥发性气体逸出而污染环境。剧毒、易燃、易爆高危废弃物的贮存，应按相关规定进行。废液应避光，远离热源，以免加速化学反应。

③贮存容器必须贴上标签,标明种类、贮存时间,存放时间不宜太长,并请有资质的单位进行处理。

1.5 计算方法理论介绍和软件介绍

化学是一门基础学科,具有坚实的理论基础,并已经发展为实验和理论并重的科学。理论化学和实验化学的主要区别在于,实验化学要求把各种具体的化学物质放在一起做实验,看会产生什么新的物质,而理论化学则是根据基本的物理化学理论,通常包括量子化学、统计热力学、经典力学及大量的数值运算来计算和预测分子、团簇的性质及化学反应可能产生的结果,这种计算和预测主要借助计算机模拟。也就是说,理论化学运用非实验推算来解释或预测化合物的各种现象,以量子化学理论和计算、分子反应动力学理论和计算、分子动力学理论和计算等来解释各种化学现象,具体地分析观察到的结果,更深刻地揭示实验结果的本质并阐述其规律。理论化学还可以预测未知结构或不易观测的性质从而促进科学的发展。

量子化学从 20 世纪初开始发展,历经几十年已经成为描述原子、分子以及晶体材料的有力工具。在量子化学中,粒子的状态用波函数来描述,只有确定出所有粒子的波函数方程,才能够准确地描述体系中粒子状态随时间的变化规律,在 1962 年,薛定谔首先提出了该波函数方程——薛定谔方程。至此,薛定谔方程成为计算化学的主要理论基础。量子化学的研究范围包括稳定和不稳定分子的结构、性能及其结构与性能之间的关系;分子与分子之间的相互作用;分子与分子之间的相互碰撞和相互反应等问题。量子化学可分基础研究和应用研究两大类,基础研究主要是寻求量子化学中的自身规律,建立量子化学的多体方法和计算方法等,其中多体方法包括化学键理论、密度矩阵理论和传播子理论,以及多级微扰理论、群论和图论在量子化学中的应用等。理论化学的巨大进展,正使化学学科经历着革命性的变化。今天的理论化学几乎渗透了现代许多科技领域,与材料、生物、能源、信息、环保和机器学习尤为密切,理论化学的应用范围将越来越广。目前,已有多种成熟的开源程序和商业软件可以方便地用于定性、定量研究分子的各种物理化学性质,是对实验的重要补充,理论计算与模拟是化学、药物、功能材料、能源、环境科学和人工智能等领域的重要实用工具。因此,理论化学逐步发展成一门实用、高效、富有创造性的基础科学,在化学及其相关领域的影响越来越显著,且与日俱增。

1.5.1 量子理论

量子化学是一门应用量子力学的规律和方法来研究化学问题的学科。量子化学涉及的理论主要有:分子轨道(Molecular Orbital,MO)理论;价键(Valence Bond,VB)理论;密度泛函(Density Functional,DFT)理论。其中密度泛函理论已经广泛应用于凝聚态物理、生物工程和材料科学等诸多研究领域,并获得了研究人员的一致认可。

1) 分子轨道理论

分子轨道和原子轨道有很多相似之处,一个分子轨道中最多可以容纳两个自旋方向相反的电子,并且轨道中的电子有着确定的能量。分子轨道法是描述分子电子结构的重要理论方法,它提供了理解和解释分子化学现象的基础,是目前应用最为广泛的量子化学理论方法。然而,由于计算的复杂性和近似方法的使用,分子轨道法在实际计算中常常需要进行简化和近似处理。实践中,分子体系中的电子用单电子波函数满足 Pauli 不相容原理的直积(如 Slater 行列式)来描述,其中每个单电子波函数通常由原子轨道线性组合得到(类似原子体系中的原子轨道),被称作原子轨道的线性组合(Linear Combination of Atomic Orbitals,LCAO)。在该物理模型中,假定分子中的每个电子在所有原子核和电子所产生的平均势场中运动,即每个电子可由一个单电子函数(电子的坐标的函数)来表示它的运动状态,并称这个单电子函数为分子轨道,而整个分子的运动状态则由分子所有的电子的分子轨道组成(乘积的线性组合),这就是分子轨道法名称的由来。

(1) 玻恩-奥本海默近似(Born-Oppenheimer Approximation)

原子核的质量是电子质量的 $10^3 \sim 10^5$ 倍,据动量守恒,原子核的运动速度比电子的运动速度小得多。因此,可以将原子核与电子的运动分离处理,当需要处理电子运动时,可以假定原子核处于静止,位于此刻的瞬时位置上,当需要处理核的运动时,则不需要考虑电子此刻在空间的具体分布。这种近似方法即称为玻恩-奥本海默近似,又称绝热近似。通过这种近似处理,原子核与电子的坐标可以实现近似变量分离,而整个体系的波函数则可以分解为电子波函数和原子核波函数两个部分,分别对它们求解,在整个过程中的自由度则明显减小,只需要电子的哈密顿量,原子核的影响作为一个参数考虑即可。

(2) HF(Hartree-Fock)方法

HF 方法用于解决多电子体系薛定谔方程近似求解的复杂问题。1928 年哈特里(D. R. Hartree)提出了将 n 个电子体系中的每一个电子都看成在由其余 $n-1$ 个电子所提供的平均势场中运动的假设。这样对于体系中的每一个电子都得到了一个单电子方程(表示这个电子运动状态的量子力学方程),称为 Hartree 方程。使用自洽场迭代方式求解这个方程(见"自洽场分子轨道法"),就可得到体系的电子结构和性质。Hartree 方程未考虑由于电子自旋而需要遵守的泡利原理。1930 年,哈特里的学生福克(B. A. Fock)和斯莱特(J. C. Slater)分别提出了考虑泡利原理的自洽场迭代方程,称为 Hartree-Fock 方程。Havtree-Fock 方程将单电子轨函数(即分子轨道)取为自旋轨函数(即电子的空间函数与自旋函数的乘积)。泡利原理要求,体系的总电子波函数要满足反对称化要求,即体系的任何两个粒子的坐标的交换都使总电子波函数改变正负号,而 Slater 行列式波函数正是满足反对称化要求的波函数。将 Hartree-Fock 方程用于计算多原子分子,会遇到计算上的困难。1951 年,罗特汉(C. C. J. Roothaan)提出将分子轨道向组成分子的原子轨道展开,这样的分子轨道称为

LCAO。使用 LCAO-MO,原来积分微分形式的 Hartree-Fock 方程就变为易于求解的代数方程,称为 Hartree-Fock-Roothaan 方程,简称 HFR 方程。

（3）组态相互作用（Configuration Interaction）方法

HF 方法只考虑了一部分电子间的关联效应,因此误差会随着电子数量的增加而增大。为了获得更精确的多电子体系波函数,可以把第 n 个量子态的波函数 ϕ 表示为单组态波函数 ϕ_i 的线性组合,即可通过组态相互作用的方法更精确地求解薛定谔方程,获得更精确的波函数。完全的组态相互作用是指定基组下最精确的方法,但其计算量约以基函数的阶乘规模增加,目前仅限用小分子作为基准以检测其他方法的可靠性。在实际应用中,计算一定规模的分子,使用完全的组态相互作用计算是不现实的。通常把原子核外的电子分为价电子和原子实电子,由于原子实电子很难被激发,因此可看作冻结状态,通常是价电子的基态和激发态受关注,而不考虑原子实电子被激发的电子组态,即冻结核近似,又称为混合组态相互作用方法。例如组态相互作用模型势方法（CICP）,首先用一个半经验的极化势近似描述原子实电子与价电子之间的相互作用,解单电子薛定谔方程得到单粒子轨道波函数和能级;然后用这些单粒子轨道构造组态波函数,采用组态相互作用的方法考虑价电子与价电子之间的关联作用,进而得到体系的波函数和能级。又如相对论全阶方法,不仅严格地考虑了原子实电子间的关联作用,还很好地处理了原子实电子与价电子间的关联作用。对于闭壳层外只有一个价电子的体系而言,这种方法是目前最精确的理论方法。

（4）多体微扰（Many-body Perturbation）理论

在 HF 方法的基础上,通过 Rayleigh-Schrödinger 微扰理论将多电子体系的总哈密顿算符与 Fock 算符的差作为体系的微扰项,增加电子相关效应。通常使用二阶（MP2）、三阶（MP3）或四阶（MP4）微扰,更高级别的 MP 微扰（一般只有 MP5）在某些量子化学软件中可以实现,但是 MP5 的计算资源要求极高,很少使用。值得注意的是,MP2 是级别较低的多体微扰方法,与 HF 方法相比,计算精度虽然有所提高,但是其计算精度依然不够理想。对于一般问题,MP2 的平均精度低于计算耗时更低的 DFT,因此 MP2 的应用在逐渐萎缩。

（5）多组态自洽场（Multi-configurational Self-consistent Field）方法

该方法主要用于在 HF 方法和密度泛函理论不足以给出良好的参考态函数的时候（如在键断裂过程中,或者分子基态与低激发态能量近简并的情形）产生定量正确的参考态函数。它用组态态函数的线性组合来近似真实的电子波函数。在多组态自洽场方法中,既改变组态态函数前的线性组合系数,又改变每一个组态态函数里面的基函数前的线性组合系数,以使能量达到最小值,如此就得到变分的电子波函数。这个方法可以视作组态相互作用方法和 HF 方法的组合。

（6）半经验（Semi-empirical）方法

对于复杂大分子的计算,由于目前受到计算机条件的限制,直接采用 HF 方法计算还非常困难。半经验方法以 HFR 方程为基础,根据实验数据,将一些波函数积分用经验常数替代,例如最消耗计算资源的双电子积分会被近似或完全省略,可以极大地简化计算工作量,使得计算一些更复杂分子（例如蛋白、糖类、氨基酸等）的电子结构成为可能。采用的经验常数不同,半经验算法的应用范围也不同,应用时需根据研究体系的具体情况进行选择。如果计算分子与用于参数化该方法的数据库中的分子不够相似,那么计算结果可能会显著偏离实际。目前常用的半经验方法有 MINDO、MNDO、AM1、PM3、PM6、PM7 和 SAM1,其使用参数来拟合实验的生成热、偶极矩、电离势和几何形状。计算激发态并由此预测电子光谱的方法,其中包括 OMx、ZINDO 和 SINDO。此外,还有来自 Grimme 教授的 GFNn-xTB($n = 0, 1, 2$)方法,该方法融合了 DFT 思想的半经验方法,整体可靠性高于半经验方法,虽然在进度上低于从头算,但它特别适合大分子的几何结构、振动频率和非共价相互作用计算。GFN1-xTB 的计算结果比 PM6 加上色散、氢键、卤键校正的 PM6-D3H4X 更有优势。GFN2-xTB 是第二代的 GFN-xTB,它改进了 GFN1-xTB 的计算形式,并且结合了 DFT-D4,在计算非共价相互作用时,整体上优于 PM6-D3H4X。GFN-xTB 方法的一大优势是参数化的元素非常全,一直到元素周期表的第 86 号元素,而且对涉及过渡金属体系的情况,整体可靠性远高于主流半经验方法 PM6、PM7。目前,能实现 GFN2-xTB 计算的软件是 Grimme 开发的 xtb 程序,而且结合 Gaussian 使用的话可以实现更多功能。

2) 价键理论

不同于分子轨道理论关注覆盖整个分子的轨道,价键理论是关注当分子形成时,离解原子的原子轨道如何结合以形成单独的化学键。价键理论的核心是两个含有单个电子的原子,若它们的电子自旋方向相反,则通过电子的配对,在这两个原子间形成一个共价键。价键理论将电子波函数描述为多个价键结构的线性组合,价键结构中的每一个都可以使用原子轨道、离域原子轨道,甚至分子轨道片段的线性组合来描述,与分子轨道理论同样有效。价键理论中,常用的是广义价键(Generalized Valence Bond,GVB)理论,其波函数是一种多行列式或多组态性质的波函数。常见的单行列式波函数——Hartree-Fock 方程是单电子函数的行列式,而 GVB 波函数是由两个轨道构成的双电子函数的反对称积。此外还有自旋耦合广义价键理论(Spin-coupled Generalized Valence Bond Theory),以及完全活性空间价键法(Complete Active Space Valence Bond Method)。

3) 密度泛函理论

密度泛函理论的核心思想是用电子密度函数去刻画分子基态的物理性质。当一个分子体系各个原子核的空间位置确定之后,其电子密度的空间分布也同时确定,此时就可以将体系的能量表示为电子密度的泛函,再用密度泛函分析变分法求出能量最低时的电子密度分布和体系能量。电子密度只是带有 3 个变量的函数,明显简化了多粒子体系问题的难度,解决了传统 HF 方法的不准确性和后 HF 方法的高计算量的缺点。密度泛函理论包括的主要模型有 Thomas-Fermi 模型、Hohenberg-Kohn 定理及 Kohn-Sham 方程等。1964 年,Hohenberg 和 Kohn 证明分子的非简并基态,基态分子的能量、波函数和所有其他分子的电子性质都是由基态电子概率密度 $\rho_0(x, y, z)$ 唯一决定的,ρ_0 是只有 3 个变量的函数,并以此提出著名的 Hohenberg-Kohn 定理(简称 HK 定理),原则上可以由 ρ_0 计算出所有的基态分子性质,而不需要找到分子波函数。但是 HK 定理没有给出如何从 ρ_0 中计算出 E_0,也没有给出如何在不首先找到波函数的情况下找到 ρ_0。该问题于 1965 年得到了解决,Kohn 和 Sham 提出了用 K-S 方程(即 Kohn-Sham 方程)来寻找 ρ_0 并从 ρ_0 中计算出 E_0。K-S 方程是可以求解的,由此求解基态电子密度的多体问题在形式上总能转化为求解单电子运动等效的 K-S 自洽方程,实现了利用密度泛函理论对分子体系总能及电荷密度的空间分布的计算,因此 K-S 方程是密度泛函最主要的实现方法。将 Kohn-Sham 方程应用于实际计算中,需要知道交换关联势 $E_{xc}[\rho]$ 和电子密度 $\rho(r)$ 的准确联系,但是二者依赖于整个空间的电子密度分布,求解起来非常困难,因此目前还没有得到其准确形式,这是 K-S 方程的核心问题。为此提出了不同的计算方法。虽然对于均匀电子云而言,电子密度分布均匀,交换能密度泛函与相关能密度泛函都与坐标无关,但是,对于实际分子体系,电子密度分布是不均匀的。计算时假定在很小空间体积元内电子可以看成是均匀分布的,该空间体积元内均匀电子云模型导出的能量密度泛函近似成立,只是随空间体积微元的不同而不同,动能密度和势能泛函就是 r 的函数,这种处理问题的方法就称为局域密度近似(Local Density Approximation,LDA)。对于均匀电子云体系,LDA 是准确的,但是实际分子体系的电子云并不均匀,因此 LDA 泛函计算结果总体误差较大,为了校正由电子密度分布不均匀引起的误差,将表征电子分布不均匀的电子密度梯度包含到能量密度泛函表达式中,称为广义梯度近似(Generalized Gradient Approximation,GGA),代表为 PW86、PW91、PBE、LYP。为了提高计算精度,还提出了含密度梯度和动能密度的交换-相关能泛函(即 meta-GGA 类泛函),代表为 BR89、VSXC、TPSS,以及杂化密度泛函(即 Hybrid-GGA 类泛函),代表为 B3LYP、B3PW91、X3LYP、TPSSh 等。

1.5.2 相关软件

1)建模与可视化软件

(1)ChembioOffice

ChembioOffice 是由 CambridgeSoft 开发的综合性科学应用软件包,主要供广大从事化学、生物研究的科研人员使用,广受化学学习者、研究者好评,对大学生学习化学帮助很大。同时,该产品又可以共享解决方案,给研究机构的所有科技工作者带来效益。利用 ChembioOffice 可进行化学生物结构绘图、分子模型构建及仿真,可以将化合物名称直接转为结构图,省去了绘图的麻烦;也可以对已知结构的化合物命名,给出正确的化合物名等。

(2)GaussView

GaussView 是 Gaussian 配套的 GUI 软件,但并未与 Gaussian 进行整合,而是作为 Gaussian 使用的前端和后台使用的独立辅助工具。GaussView 可以快速创建三维分子模型,能够进行简单的分子旋转、平移或缩放操作。通过 GaussView 可以方便地建立各类高斯计算的输入文件,快捷地进行单点计算、过渡态优化等常规任务。GaussView 配备了显示 Gaussian 运算结果的独家技术,查看优化后的分子结构和分子轨道、静电势能表面、反应路径等,降低用户的使用难度。

（3）Visual Molecular Dynamics

Visual Molecular Dynamics 是一款小而精致的可视化建模工具,也是业界常用且功能强大的分子可视化软件,专为蛋白质、核酸、脂质双分子层组装等生物系统大分子的建模、可视化和分析而设计。同时该软件支持 Tcl/Tk 脚本语言,在分子建模与可视化方面,为用户使用提供了诸多可能性。Visual Molecular Dynamics 内置了 Tachyon 等强大的渲染器,配合 Multiwfn 量子化学后处理程序,能艺术级地展示量子化学计算结果。

（4）PyMol

PyMol 是一款部分开源软件,采用 Python 语言编写,由 Warren Lyford DeLano 主导开发,目前由 Schrödinger Inc. 进行商业化推广。PyMol 能够对有机分子、生物分子进行快速建模和渲染,同时具备电子密度图绘制、分子对接、分子编辑、分子结构比对和脚本编写等功能,帮助研究人员更好地理解和探索分子结构。

（5）Atmosk

Atmosk 是一款免费的开源命令行程序,专门用于创建、操作和转换用于固体领域的原子尺度模拟数据文件。

2）计算软件

（1）Gaussian

Gaussian 是量子化学领域最著名和应用最广泛的软件之一,由量子化学家约翰波普的实验室开发,可以用从头计算方法、半经验计算方法等进行分子能量和结构、过渡态能量和结构、化学键和反应能量、分子轨道、偶极矩、多极矩、红外光谱和拉曼光谱、核磁共振、极化率和超极化率、热力学性质、反应路径等分子相关计算。Gaussian 可以在 Windows、Linux、Unix 操作系统中运行,目前最新版本为 Gaussian 16。

（2）Orca

Orca 是量子化学领域的后起新秀,近年来发展迅速,由 Max-Planck-Institut für Kohlen-forschung 的 Frank Neese 主导开发。Orca 属于对学术用户免费,但非开源的量子化学程序,它涵盖了密度泛函理论、多体微扰方法、耦合簇理论、多重参考态理论和半经验量子化学方法,实现了从基态到激发态,从单点到几何优化,从大体系 DFT 计算到小体系高精度耦合簇的量子化学计算。而且 Orca 充分利用了密度拟合技术,提出了独家的 COSX 方法,能够极大地加速大基组、高精度的量子化学计算。Orca 同样可以在 Windows、Linux、Unix 操作系统中运行,目前最新版本为 Orca 5.0.4。

（3）Materials Studio

Materials Studio 是 ACCELRYS 公司专门为材料科学领域研究者设计的一款可在个人计算机上运行的模拟软件。它可以帮助解决当今化学、材料工业中的一系列重要问题。支持 Windows98、NT、Unix 以及 Linux 等多种操作平台的 Materials Studio 可使化学及材料科学的研究者们更方便地建立三维分子模型,深入地分析有机分子、无机晶体、无定形材料以及聚合物。多种先进算法的综合运用使 Materials Studio 成为一个强有力的模拟工具。无论是性质预测、聚合物建模还是 X 射线衍射模拟，都可以通过一些简单易学的操作得到切实可靠的数据。灵活方便的 Client-Server 结构还使得软件可以在网络中任何一台装有 NT、Linux 和 Unix 操作系统的计算机上进行工作，从而最大限度地运用了网络资源。

（4）VASP

VASP 是使用赝势和平面波基组进行第一定律分子动力学计算的软件包。VASP 中的方法基于有限温度下的局域密度近似（用自由能作为变量）以及对每一分子动力学步骤用有效矩阵对角方案和有效 Pulay 混合求解瞬时电子基态。这些技术可以避免原始的 Car-Parrinello 方法存在的一切问题，而后者是基于电子、离子运动方程同时积分的方法。离子和电子的相互作用可用超缓 Vanderbilt 赝势（US-PP）或投影扩充波（PAW）方法描述。两种技术都可以相当程度地减少过渡金属或第一行元素的每个原子所必需的平面波数量。力与张量可以用 VASP 很容易地计算，用于把原子衰减到其瞬时基态中。

（5）BDF

BDF（Beijing Density Functional）是一个独立、完整、具有完全自主知识产权的量子化学计算软件包，支持非相对论、二分量、四分量相对论（如 effective QED，Q4C，X2C，sf-X2C+sd-DKHn）的密度泛函程序包。BDF 可以使用多种非相对论泛函和相对论泛函，它可以通过求解 Dirac-Kohn-Sham 方程，精确获得体系特别是重元素分子体系的能量。最新的 BDF 程序包拥有优化的高斯积分求解器，可以实现原子轨道积分的快速计算；同时亦包含多种新颖的电子相关方法，如基于分块的低标度电子相关方法，基于"static-dynamic-static"框架的电子相关方法。

（6）GAMESS-US

GAMESS-US 由爱荷华州立大学（Iowa State University）Mark Gorden 教授的研究组主导开发，可以进行密度泛函理论计算和其他半经验计算（如 Austin Model 1，Parameterization Model 3）、量子力学/分子力学（QM/MM）计算，并能处理溶剂效应。GAMESS-US 的计算并行可扩展到 260 000 个核，因此用户可以将 GAMESS-US 应用于大分子化合物的计算。

（7）CASTEP

CASTEP 为以量子力学为基础的周期性固态材料化学计算的套装软件，其程式由剑桥大学 Cavendish 实验室的凝态物理理论组共同研究开发。CASTEP 由密度泛函理论为基础的计算程式组成，同时采用平面波（plane wave）为基底处理波函数，可针对具有周期性的固态材料表面进行化学模拟计算，而此软件更具有高精准度以及高效能计算能力的表现。

（8）ATK

ATK 是由丹麦公司 Quantum Wise A/S 开发的一款通用电子态结构计算软件，它集成了密度泛函理论（DFT）和半经验方法（SE）等计算引擎，能进行常规的固体、分子的电子态结构、能带、态密度等的计算，其中半经验算法可用于计算大规模的、上千个原子的体系。ATK 是目前唯一集成了非平衡态格林函数方法，能用于模拟纳米结构器件在外加偏压下的电子输运特性的商业软件。ATK 简单直观的图形界面 Virtual Nano Lab（VNL），特别适合于以下体系建模：

①双电极或多电极器件体系（目前研究器件中电子输运的标准模型）；

②纳米体系，尤其是目前热门研究的纳米管、石墨烯片层、石墨烯带、富勒烯球等体系；

③VNL 还包括了强大、丰富的结果分析工具，可以输出各种高质量的三维结构、数据图。

ATK 的开发和运行基于 Python 格式的脚本语言 Nano Language；用户自己使用 Nano Language 也可以定义工具，这为 ATK 和 VNL 的功能扩展提供了无限的可能性。ATK 可以在多核、多路、多节点并行计算，节点间并行效率最高可达线性标度。

目前，除上面提到的几款著名量子化学计算软件之外，还有大量商业和免费的量子化学计算软件，其中绝大部分是从事量子化学或计算化学研究的实验室自行开发的。此外，一些著名的大型化学软件如 HyperChem、Chem3D、Sybyl 等，也包含有量子化学计算包。

参考文献

[1] 汤峨,曾坤伟,曹秋娥.应用化学实验[M].北京:科学出版社,2010.

[2] 郭明,胡智燕,邹建卫,等.结构化学实验教程[M].北京:化学工业出版社,2016.

[3] 胡红智,马思渝.计算化学实验[M].北京:北京师范大学出版社,2008.

[4] 刘建兰,张东明.物理化学实验[M].北京:化学工业出版社,2015.

[5] 天津大学物理化学教研室,冯霞,朱莉娜,等.物理化学实验[M].北京:高等教育出版社,2015.

[6] 高楼军.物理化学实验[M].北京:科学出版社,2018.

[7] 罗鸣,石士考,张雪英.物理化学实验[M].北京:化学工业出版社,2012.

[8] 舒红英,陈萍华.物理化学实验[M].北京:化学工业出版社,2016.

[9] 安胜姬,王洪艳.应用化学实验[M].长春:吉林大学出版社,2005.

[10] 陈连清.应用化学实验[M].北京:化学工业出版社,2018.

[11] 邢存章.应用化学实验[M].北京:化学工业出版社,2010.

[12] 董文生,杨荣榛.化工基础与应用化学实验[M].北京:高等教育出版社,2016.

[13] 张秀成,刘冰,王玉峰.应用物理化学实验[M].哈尔滨:东北林业大学出版社,2009.

[14] 龚跃法.基础化学实验:物理化学实验分册[M].北京:高等教育出版社,2021.

[15] 徐光宪,黎民乐,王德民,等.量子化学:基本原理和从头计算法(下册)[M].2 版.北京:科学出版社,2008.

第2章 结构化学实验

2.1 分子的立体构型与分子的对称性

2.1.1 实验目的

通过动手制作和仔细观察分子模型,掌握分子的空间结构,加深分子对称性与分子空间构型的关系的认识。

2.1.2 实验内容

①搭出 CH_4、SF_6、H_2O_2、$N_4(CH_2)_6$、C_6H_{12}(环己烷)、C_2H_6 的分子模型,分析它们的对称性,将结果填入表 2.1.1 中。

表 2.1.1 各分子模型数据

分子		对称元素及数目			点群符号	偶极矩	旋光性
		对称轴 C_n	镜面 m	对称中心 i			
CH_4							
SF_6							
H_2O_2							
$N_4(CH_2)_6$							
C_6H_{12}（环己烷）	船式						
	椅式						

续表

分子		对称元素及数目			点群符号	偶极矩	旋光性
		对称轴 C_n	镜面 m	对称中心 i			
C_2H_6	重叠式						
	中间式						
	交叉式						

②搭出丙二烯型化合物的模型,了解它们的对称性,标出它们的点群符号。

$H_2C=C=CH_2$、$ClHC=C=CH_2$、$Cl_2C=C=CH_2$、$ClCH=C=CHCl$(顺、反)

③搭出 $[Co(en)_3]^{3+}$ 的分子模型,了解其对称性,标出其点群符号。

2.1.3   参考资料

CH_4、SF_6、H_2O_2、$N_4(CH_2)_6$、C_6H_{12}(环己烷)、C_2H_6 等相关分子的球棍模型见表2.12。

表 2.1.2   相关分子球棍模型

分子式	球棍模型	分子式	球棍模型
CH_4	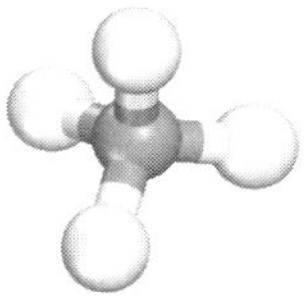	C_6H_{12}(椅式)	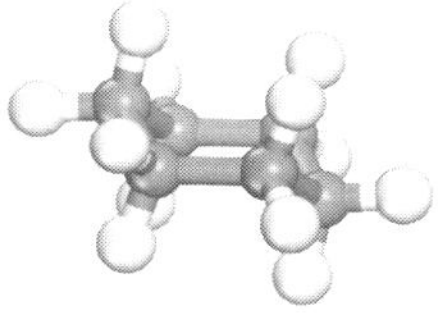
SF_6	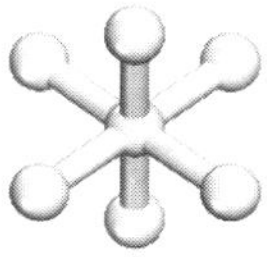	C_2H_6(重叠式)	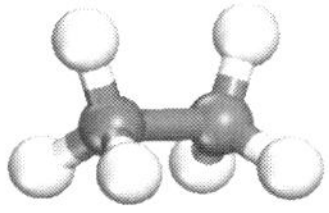
H_2O_2	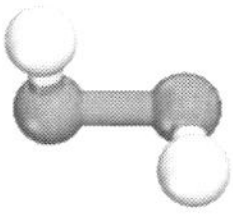	C_2H_6(交叉式)	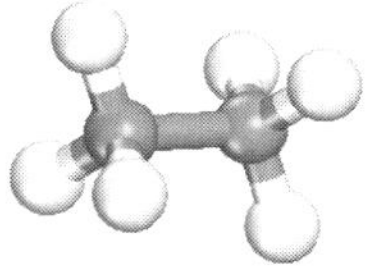
$N_4(CH_2)_6$	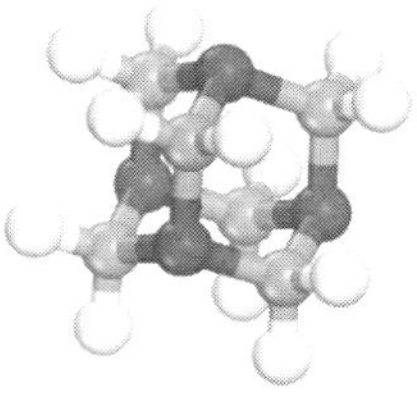	C_2H_6(中间式)	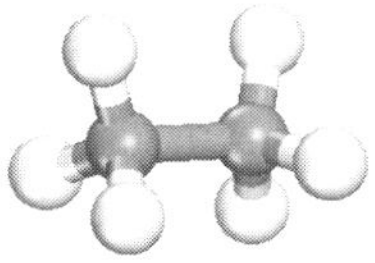
C_6H_{12}(船式)	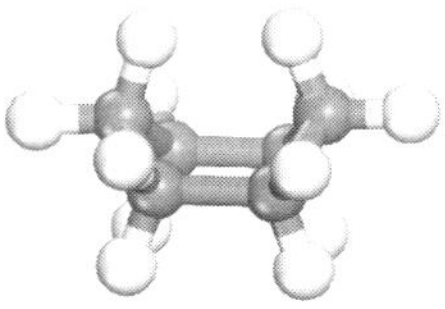	$H_2C=C=CH_2$	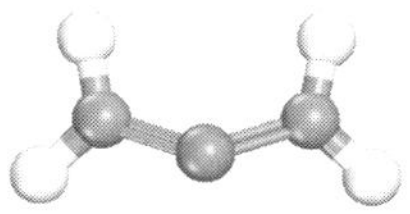

分子式	球棍模型	分子式	球棍模型
$ClHC=C=CH_2$	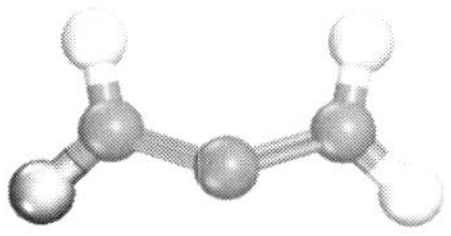	$ClCH=C=CHCl(反)$	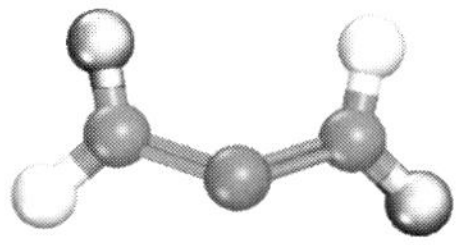
$Cl_2C=C=CH_2$	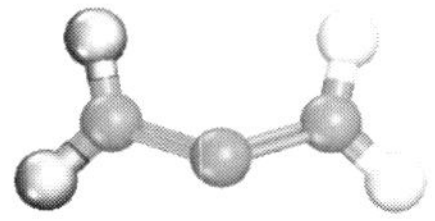	$[Co(en)_3]^{3+}$	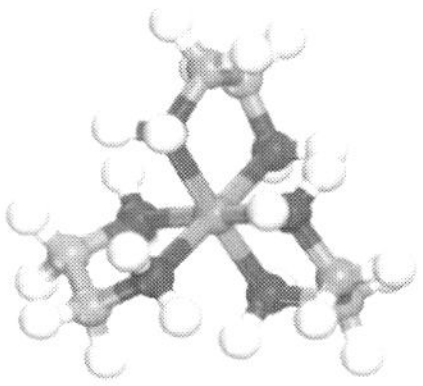
$ClCH=C=CHCl(顺)$	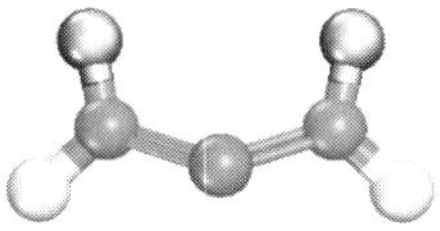		

2.2　等径圆球的堆积

2.2.1　实验目的

通过等径圆球的堆积,了解金属单质的若干典型结构形式,加深对金属晶体结构的认识,为学习离子晶体的结构奠定基础。

2.2.2　实验内容

(1)密堆积层

取若干等径圆球(如乒乓球),分别排列成密置层和四方平面层,比较它们的异同,将结果填入表2.2.1(设球的半径为 R)中。

表 2.2.1　比较等径圆球的异同

堆积方式	密置层	四方平面层
每个球的配位数		
法线方向上的对称性		

续表

堆积方式	密置层	四方平面层
空隙中心到球面的最短距离		
面积利用率（列出算式）		

（2）等径圆球的最密堆积

将密置层按 *ABAB*……和 *ABCABC*……两种重叠方式分别组成六方最密堆积和立方最密堆积。各取一个晶胞，仔细观察并填写表2.2.2。

表2.2.2　等径圆球的最密堆积

堆积方式	立方（A_1）	六方（A_3）
球的配位数		
一个球平均占有的四面体空隙数		
一个球平均占有的八面体空隙数		
点阵型式		
密置层方向（用晶面指标表示）		
空间利用率（列出算式）		
球的分数坐标		

（3）体心立方堆积和简单立方堆积

将球作体心立方堆积和简单立方堆积，取其晶胞，仔细观察并填写表2.2.3。

表2.2.3　体心立方堆积和简单立方堆积

堆积方式	体心立方（A_2）	简单立方
球的配位数		
密置列方向（用单位矢量表示）		
球的分数坐标		
空间利用率（列出算式）		
空隙形态		
晶胞内的空隙数		
一个球平均占有的空隙数		
空隙中心到球面的最短距离		

2.3　离子晶体的结构

2.3.1　实验目的

通过观察和分析离子晶体的结构模型,了解离子晶体的组成和结构。

2.3.2　实验内容

仔细观察以下 6 个二元离子晶体的结构模型,并将观察结果填入表 2.3.1 中。

表 2.3.1　二元离子晶体的结构模型信息

晶体		NaCl	CsCl	CaF_2	ZnS（立方）	ZnS（六方）	TiO_2（金红石）
负离子堆积方式							
正负离子半径比							
正负离子数量比							
正离子	占什么空隙						
	占空隙比率						
	配位数						
	配位多面体连接方式						
负离子配位数							
点阵型式							
结构基元							
晶胞内正负离子数							
离子分数坐标							

2.3.3   参考资料

相关分子的球棍模型见表2.3.2。

表 2.3.2   相关分子的球棍模型

分子式	球棍模型	分子式	球棍模型
NaCl		ZnS(立方)	
CsCl		ZnS(六方)	
CaF$_2$		TiO$_2$(金红石)	

2.4   常见双原子分子的轨道计算及反应判断计算

2.4.1   实验目的

①掌握基于 Gaussian 计算简单分子电子性质的简单方法。

②掌握不同类型双原子分子轨道的排布规律。

③掌握前线轨道理论在简单体系中的应用。

④学习用 GaussView 和 Multiwfn 等工具将计算结果图形化。

2.4.2　模型选择

本实验中,原子结构相对简单,可以直接用 GaussView 来建模,也可以用其他工具,如 Materials Studio、Chemdraw 等进行建模,把建模结构保存为 GaussView 能识别的 pdb、mol 等结构类型,以便后续直接引入结构文件。若对结构熟悉,可采用笛卡尔坐标系或者 Z-矩阵形式,直接通过结构参数输入的文本形式在 Gaussian 输入文件中写入结构文件。

本实验用 Gaussian 和 GaussView 来进行计算和结果分析。启动 GaussView,打开 View 里面的 Builder,通过相应工具可以在分子模型的工作窗口画出分子骨架并添加基团或原子。在 Builder 中,可以打开元素周期表、环状结构模板或基团模板进行建模。这里我们通过构造一个最简单的苯环分子来示例,如图 2.4.1 所示。

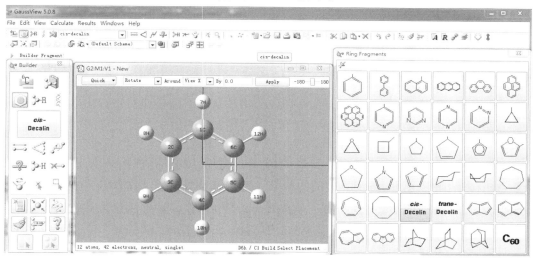

图 2.4.1　GaussView 界面和分子建模工具

2.4.3　计算方法

用量子化学计算方法进行一项研究,往往需要完成许多不同类型的任务,这些任务类型用各自的关键词来代表和执行。其中,三种基本的任务类型是:单点能量计算(SP)、几何构型优化(OPT)、频率分析(FREQ)。几乎所有量子化学程序都能完成这些基本任务,这里以 Gaussian 程序为例进行介绍。

与 Gaussian 配套的图形界面程序是 GaussView,用于构建、修改、观察分子模型,设置和提交计算任务,显示计算结果。Gaussian 的 Windows 版本对输入文件中的字母不区分大小写,分隔符可用空格或逗号。输入文件扩展名为.gjf/com,输出文件扩展名为.out 或者.log,还有一种存储中间结果的 Checkpoint 文件,扩展名为.chk。计算任务可以通过 Gaussian 界面或 GaussView 输入和提交,也可以通过手写输入文件 gjf 或者 com 来实现。为了简便,这里仅介绍 GaussView 的输入形式。

在建好结构或者导入结构的基础上，按 Ctrl + G 或者选择 Calculate → Gaussian Calculation Setup 打开计算菜单设置，如图 2.4.2 所示。

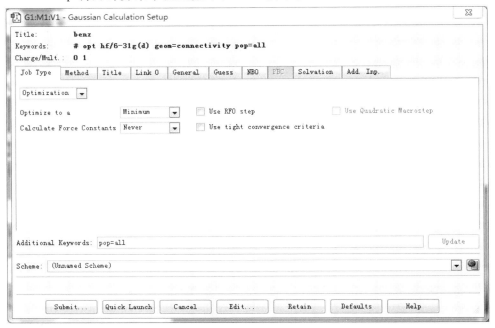

图 2.4.2   GaussView **参数设置界面**

调整相关参数，Job Type 为计算类型，本实验中建模结构不是优化结构，需要在确定方法下进行优化，选择 Optimization（若要与频率分析构成复合任务，则选 Opt+Freq）。如果已优化结构则可以选 Energy，对应单点（Single Point，SP）计算。这里优化为寻找最低能量局域结构，选 Minumun，如果需计算其他结构比如过渡态，则需进行调整。

计算方法的参数设置较多，分别选择计算方法、基组、电荷和自旋多重度。计算方法和计算精度及计算量大小密切相关。在本实验中，对计算精度要求较低，可采用效率较高的 HF 方法，基组选用 6-31g(d) 计算即可，Charge 中分子不带电选 0，Spin 需要根据实际情况进行调整，这里需要注意双电子自旋相同，应该选 3 而不是默认值 1。

从 Title 卡片填写任务标题。其他卡片内容可不管。

所有卡片都不能包括的关键词及参数，写入 Additional Keywords 后边的空行内。例如本例中计算输出结果部分包含轨道。因此，需要在 Additional Keywords 中加入 pop = reg 或者 pop = all。

单击按钮 Submit，根据提示，为输入、输出文件命名并保存，就会启动 Gaussian 程序进行计算。

计算完成后，可打开输出文件检查数据，也可用 GaussView 显示输出结果。

正常结束的文档最后一行为"Normal termination of Gaussian xx at XX"。计算正常结束并不表示结果必然正确，但没有正常结束则结果肯定不正确。

2.4.4　计算过程设计

①按照上述示例方法,掌握 GaussView 基本输入、输出结构的方法。

②依次计算 C_2、N_2、O_2、CO、NO 的分子轨道和能级排布顺序。

③根据前线轨道理论,在 C_2+O_2 ══ 2CO 和 N_2+O_2 ══ 2NO 的反应中选择一个,解释其能否进行,需要什么条件?

2.4.5　数据处理

计算结果主要包含在 *.log 文件和波函数文件 *.chk 或者 *.fchk 文件中。我们可以直接通过文本打开 log 文件进行查看,也可以直接用 GaussView 进行统一分析。优化的目的是找到体系的最低能量结构,理论上,优化完成后原子均不受力。实际计算只能小于某个阈值。因此,优化中,通过电子计算,得到相应结构的能量以及每个原子对应的力,根据该步能量和受力,判断下次优化的结构,进行循环,直到两次优化之间的 Maximum Force, RMS Force, Maximum Displacement, RMS Displacement 等 4 项指标末尾都显示 YES(对非常松弛的大分子,并不苛求 4 项指标都符合判据要求),如图 2.4.3 所示。

```
              Item           Value       Threshold  Converged?
Maximum  Force              0.000205     0.000450    YES
RMS      Force              0.000077     0.000300    YES
Maximum  Displacement       0.000408     0.001800    YES
RMS      Displacement       0.000137     0.001200    YES
Predicted change in Energy=-3.670178D-07
Optimization completed.
   -- Stationary point found.
```

图 2.4.3　优化过程中结构正常收敛情况

"SCF Done"后为每个结构优化后的能量,可以根据该计算得到总能。量子化学以 0 K 时体系中所有电子和所有核都无限远离的状态为能量零点,以 Hartree 为单位(输出文件中用 a.u. 表示)。

优化完的结构包含优化结构的静态计算性质,即轨道的对称性,轨道的能量等,这些信息会用到我们的轨道能级排布图中,如图 2.4.4 所示。

我们可以知道占据轨道的对称性形式、简并度、成键类型、反键类型,可以进一步结合后面的轨道图像和能量进行分析。

①用 GaussView 显示输出结果。

用菜单命令 File→Open,从弹出的对话框上打开输出文件,工作窗口显示分子模型。所有输出结果都通过菜单 Results 的各个子菜单来选择:Results→Summary,显示主要结果汇总,如图 2.4.5 所示。

```
Orbital symmetries:
    Occupied  (A1G) (E1U) (E1U) (E2G) (E2G) (B1U) (A1G) (E1U)
              (E1U) (E2G) (E2G) (A1G) (B1U) (B2U) (E1U) (E1U)
              (A2U) (E2G) (E2G) (E1G) (E1G)
    Virtual   (E2U) (E2U) (A1G) (E1U) (E1U) (E2G) (E2G) (B1U)
              (B2G) (E2G) (E2G) (E1U) (E1U) (B2U) (A1G) (A2U)
              (A2G) (A1G) (B1U) (E1G) (E1G) (E1U) (E1U) (E2G)
              (E2G) (E2U) (E2U) (B2G) (E2G) (E2G) (E1U) (E1U)
              (B1U) (E1U) (E1U) (A1G) (A2G) (E2G) (E2G) (E1U)
              (E1U) (B1U) (B1G) (A2U) (E2G) (E2G) (E2U) (E2U)
              (E1G) (E1G) (A1G) (B2U) (B1U) (A1G) (E1U) (E1U)
              (E2G) (E2G) (E2U) (E2U) (E1U) (E1U) (E1G) (E1G)
              (B2G) (E2G) (E2G) (A1U) (E1U) (E1U) (E2G) (E2G)
              (B1U) (A2G) (B1U) (A1G) (E1U) (E1U) (E2G) (E2G)
              (B1U)
```

图 2.4.4　log 文件中,轨道对称性部分

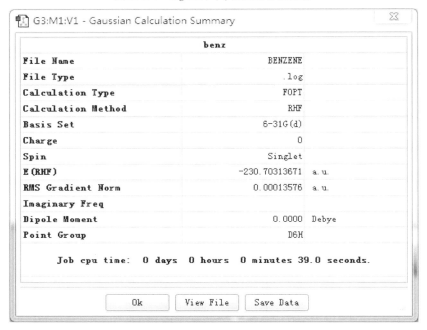

图 2.4.5　GaussView 结果简要分析汇总

②Results→Charges,显示原子净电荷。从对话框选择用数值显示和颜色显示,如图 2.4.6 所示。

③Results→Surfaces,显示轨道等值面图。步骤如下:

• File→Open,打开 chk 文件;

• Results→Surfaces,弹出对话框 Surfaces and Contours;

• 单击 Cube Actions→New Cube,弹出对话框 Generate Cubes,在 Type 中用下拉菜单选择 Molecular Orbital,单击按钮"OK";

• 在对话框 Surfaces and Cubes 上单击按钮"Surface Actions",从下拉菜单中选择 New Surface,就显示"MO",也可选择显示某种等密度面,如图 2.4.7 所示。

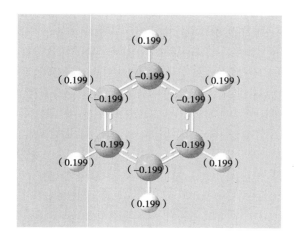

图 2.4.6　计算的电荷分布图

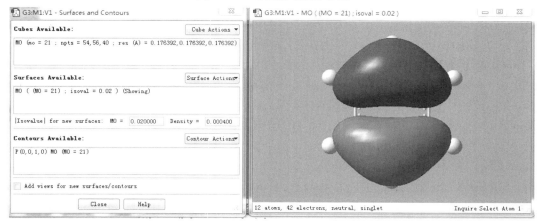

图 2.4.7　采用 Create Surface 方法得到的分子轨道

④查看 MO 能级图和电子填充状况：从 GaussView 主窗口，用命令 Tools→MOs 弹出 MOs 窗口，显示 MO 能级图及占据情况。图 2.4.8 所示为轨道 22、23，即 HOMO 轨道和 LU-MO 轨道。

2.4.6　计算结果与讨论

①根据结果分析 C_2、O_2、CO 或者 N_2、O_2、NO 的轨道对称性，并给出分子的电子组态。

②分别画出①中选中分子的前线轨道。

③根据①中反应物和产物的能量，计算反应的热力学能差值。

④根据②，针对不同电子转移情况下的对称性，说说反应能否进行。

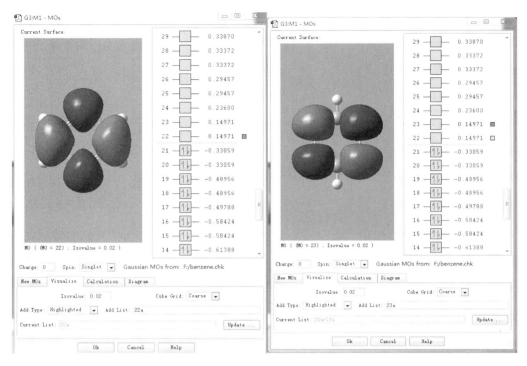

图2.4.8 从分子轨道里面直接查看轨道

2.4.7 结论

本实验学习了 Gaussian 的简单建模、计算及结果分析,对结构化学中涉及的双原子分子电子轨道排布、前线轨道理论进行深入理解和学习,为后续复杂体系的深入计算奠定基础。

参考文献

[1] 黄辉胜.Gaussian03 和 GaussView 软件在分子轨道教学中的应用[J].中国西部科技,2014,13(11):64-65.

[2] 恩里科·克莱门蒂,乔吉纳·科伦吉乌.化学键合模型概念的发展:从原子和分子轨道到化学轨道[J].化学通报(印刷版),2008,71(8):563-600.

[3] 周玉芬,杨艳菊,滕波涛.计算化学在分子轨道教学中的应用[J].大学化学,2017,32(10):61-66.

[4] 陈正隆,徐为人,汤立达.分子模拟的理论与实践[M].北京:化学工业出版社,2007.

[5] 徐光宪,黎民乐,王德民,等.量子化学:基本原理和从头计算法(下册)[M].2版.北京:科学出版社,2008.

2.5　Pt（111）表面的 H_2 吸附理论计算

2.5.1　实验目的

①了解表面物理吸附、化学吸附的概念。
②掌握表面模型及吸附模型的建模和优化方法。
③吸附位点和吸附能的理论计算。

2.5.2　模型选择

打开 Materials Studio，新建 project 并命名。从 MS 自带的结构库中导入晶体 Pt 的结构，也可以通过晶胞参数构建或者其他 cif 文件等导入。MS 库的路径为 File→Import→Structure→Metal→Pure→Metals，即可得到 Pt 的晶体结构。采用 Tools→Miller Planes，可以在图形中选出 111 面、100 面及 110 面。这里我们选择的暴露面是 Pt（111）面，如图 2.5.1 所示。

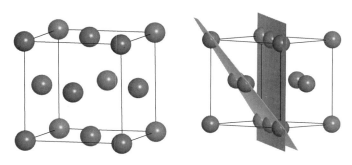

图 2.5.1　Pt 的晶体结构

在 Pt 表面切出吸附表面，选用 Build→Surface→Cleave Surface。参数设置为（111）面，4 层厚度，U along X，V in XY plane，Reoriented Surface After Cleaved，以调整取向，得到切面结构。在切面上加入 15 Å（1 Å = 10^{-10} m）真空层，以避免层间的作用以及留下空间吸附后面的氢气分子和氢原子。Build→Crystal→Build Vacuum Layer→15，A in X，B in XY plane，Reoriented Crystal。切好后的晶胞及结构分别用分数坐标描述，Build Supercell→3×3，得到超胞结构，如图 2.5.2 所示。

吸附 H_2 及氢原子的结构建模最好基于优化后的 Pt（111）表面进行，在得到优化结构后，我们在原有表面添加氢气分子和氢原子。在固定位置添加分子和原子有多种办法，比如可以通过 Build → Addatoms，直接把原子加入绝对的位置；也可以通过 在空白处画出原子或者分子后，通过选中分子，平移旋转到目标位置，通过以下按钮 来调整位置以得到最终建模结构，如图 2.5.3 所示。

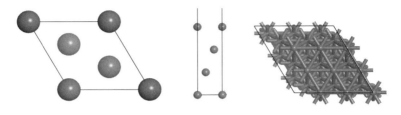

图 2.5.2　Pt 的超胞结构

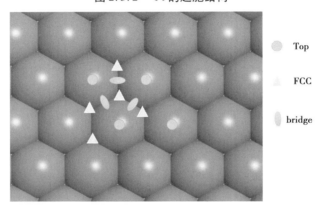

图 2.5.3　Pt 的最终建模结构

Pt(111)面的常见吸附位点包含 Top、Bridge、Hollow 位。Top 位点位于 Pt 正上方，Bridge 位点位于两个 Pt 原子中心，FCC/HCP 为 3 个 Pt 原子中心，在表层中因上方无原子无法区分，有时候统称为 Hollow 位。在计算中需要优先考虑这些高对称性位点的吸附能，比较相同原子、分子在不同位点的吸附后能量得到最优的吸附位置。

2.5.3　计算方法

大部分量子化学计算软件都有表面计算的能力，比如 VASP、CP2K、DMol3、SIESTA 等。这里为了方便建模和数据分析，采用 DMol3 来计算，不同软件计算表面的方法存在一定差异，需要根据具体情况设置参数。

在吸附计算中，主要为热力学计算，不用过多关注电子性质，因此在计算中，主要关注计算吸附前后的能量，通过结构优化得到相应的稳定结构。表面本身是一个 2D 体系，即在 a、b 两个晶胞方向上进行拓展，而 c 方向上需要保留足够的真空厚度，以避免不同单胞间原子发生作用。

DMol3 结构优化的参数设定方法如下。在选中结构的基础上，单击菜单界面 Modules

→DMol3,弹出 DMol3 计算窗口,如图 2.5.4 所示。

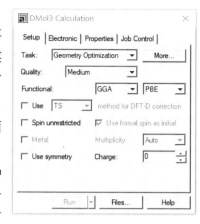

为了保证优化过程的合理性及降低计算量,我们需要固定待优化结构部分。通常固定底部基层结构。单击菜单栏✛ ▼ View→Across,把结构调成侧视图,鼠标框中下面的 3 层,当选中层变成黄色后,选择 Modify→Constraint,固定所有原子,确保优化过程中只优化表层的 Pt 和上面吸附的 H_2。

在优化参数设定中,我们选择 Geometry Optimization 来进行优化,泛函选择 GGA/PBE,基组采用 DND。Electronic 设定收敛精度、K 点选择 Medium,Core Treatment 考虑金属原子内层电子较多,采用 DFT Semi-Core Pseudopots

图 2.5.4　DMol3 计算窗口

处理赝势。在性质计算中,我们只需能量,所以不用进行更多设定,Job Control 根据实际机器的线程数目/内存进行设定,需小于计算机现有线程数(如计算机性能较差,建议 K 点选择 Gamma Only,DND 基组换成 DN 基组)。

2.5.4　计算过程设计

①建模,对 Pt(111)表面结构进行优化,保存优化后的结构和能量,在此基础上进行不同位点的建模。

②基于第一步,考虑 3 种不同位点,对 H_2 进行吸附建模。建模中单位点可能存在单原子吸附和双原子吸附的情况。如假定是物理吸附,初始距离保持相对 2～3 Å 为宜。

③对第二步的建模结构进行进一步优化,优化后如果位置出现偏离,最好调整初始结构并进行多次测试。

④多次测试计算确定最终的吸附结构。

2.5.5　数据处理

DMol3 的计算结果主要在 *.outmol 文件中,可以直接查看该文本文件,也可以用 DMol3 自带的分析工具进行分析。

DMol3 正常结束有"DMol3 job finished successfully"提示,优化过程中原子结构的能量迭代及原子步变化,如图 2.5.5 所示。

在原子优化迭代的能量、力、整体位移偏差达到收敛标准后,结束优化。能量 Total Energy 的单位是 a.u.,转换成 eV 需要乘 27.211 61。

计算吸附能需要用如下公式:

$$E_{ads} = E_{Pt(111)} - E_{H_2} - E_{Pt(111)}$$

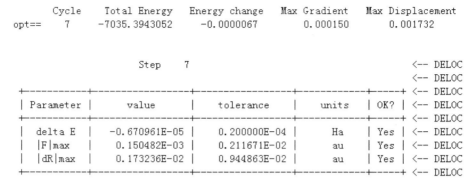

图 2.5.5   原子结构的能量迭代及原子步变化

2.5.6   计算结果与讨论

①完成表 2.5.1。

表 2.5.1   吸附位点信息表

吸附位点	E_{ads}	d_{H-H}	H_2 是否解离	H 电荷	吸附类型
Top					
Bridge					
Hollow					

②判断最佳吸附位点并作图讨论。
③结合 H_2 的吸附位点和是否解离,说明氢气的吸附在催化过程中的作用。

2.5.7   结论

本实验学习了 Material Studio 对表面的建模及 DMol3 模块模拟计算分子吸附的常用计算方法。催化化学反应的第一步是反应物与表面催化剂接触,而最优的吸附构型恰恰是后续反应的前提,所以把反应的吸附构型考虑完全就显得尤其重要。通过实验全面了解 H_2 在 Pt(111) 表面的吸附和解离情况,获得了最优的吸附构型和最优吸附位,并获得了吸附能的理论数据,这些对实际实验具有重要的理论指导意义。

参考文献

[1] 郭玉宝,朱红,杨儒.H_2 在 Pt(111) 表面吸附及电催化的密度泛函理论[J].北京工业大学学报,2016,42(11):1756-1760.

[2] 陈正隆,徐为人,汤立达.分子模拟的理论与实践[M].北京:化学工业出版社,2007.

[3] ELHAM N G,MARK F S,GEERT-JAN K.Assessment of two problems of specific reaction

parameter density functional theory：sticking and diffraction of H$_2$ on Pt(111)[J]. The Journal of Physical Chemistry C，Nanomaterials and interfaces，2019，123，(16)：10406-10418.

[4] PIJPER E，KROES G J，OLSEN R A，et al. Reactive and diffractive scattering of H$_2$ from Pt(111) studied using a six-dimensional wave packet method[J]. The Journal of Chemical Physics，2002，117(12)：5885-5898.

[5] OLSEN R A，KROES G J，BAERENDS E J. Atomic and molecular hydrogen interacting with Pt(111)[J]. Journal of Chemical Physics，1999，111(24)：11155-11163.

2.6　通过 TD-DFT 方法计算花菁染料吸收光谱随离域结构增加的变化规律

2.6.1　实验目的

①了解一维无限深势阱的求解过程及其结论在含有离域结构的分子中的应用。

②了解常用的从头算法，包括 HF、B3LYP、MP$_n$、CCSD 等。

③学会利用建模软件构建花菁染料的结构和设置相应的 Gaussian 计算格式，学会判断获得稳定结构的方法。

④了解 TD-DFT 的基本理论基础，能够对计算结果进行分析；会利用 GaussView 软件显示吸收峰光谱的对应跃迁轨道，能通过相应的分子轨道对称性进行分析。

⑤分析花菁染料[R$_2$N—(CH=CH)$_n$—CH=N$^+$R$_2$]的吸收光谱随 n 的变化规律，画出相应的示意图。

2.6.2　模型选择

一维离域体系中电子运动的薛定谔方程为：

$$\hat{H}\psi = E\psi \tag{2.6.1}$$

相应的哈密顿算符为：

$$\hat{H} = -\sum_{i=1}^{n} \frac{\hbar^2}{2m_e} \frac{\partial^2}{\partial x} \tag{2.6.2}$$

解得：

$$\psi_i = \left(\frac{2}{l}\right)^{1/2} \sin\left(\frac{n\pi x}{l}\right), n = 1,2,3,\cdots \tag{2.6.3}$$

$$E_i = n^2 \frac{h^2}{8m_e l^2}, n = 1,2,3,\cdots \tag{2.6.4}$$

其中 l 是 π 电子运动长度,可通过对含有不同数目—CH ＝CH—单元的花菁染料分子优化获得,R_2N—$(CH ＝CH)_n$—$CH ＝N^+R_2$ 中含有 $2n+4$ 个 π 电子,最高占据 π 轨道是 $n+2$,对应分子的 HOMO,最低未占据 π 轨道是 $n+3$,对应分子的 LUMO:

$$h\upsilon = E_{n+3} - E_{n+2} = E_{LUMO} - E_{HOMO} \quad (2.6.5)$$

$$\lambda = \frac{hc}{E_{LUMO} - E_{HOMO}} \quad (2.6.6)$$

由此,获得吸收波的波长。

Gauss 16 中电子跃迁过程的含时薛定谔方程为:

$$\left[-\frac{1}{2}\nabla^2 + V(r,t) + \int \frac{\rho(r',t)}{|r-r'|}dr' + V_{xc}^{\sigma}(r,t) \right]\Psi_{j\sigma}(r,t) = i\frac{\partial}{\partial t}\Psi_{j\sigma}(r,t) \quad (2.6.7)$$

其结果由程序给出。

2.6.3　计算方法

仪器:用于计算的计算机。

软件:

①建模软件 GaussView。

②计算软件 Gaussian。

2.6.4　计算过程设计

(1)利用 GaussView 建模

①打开 GaussView 软件,执行 File→New-Create ModGroup(或 Ctrl+N)打开一个新的窗口,单击 File 下面的 ^{6}C(Element Fragments)按钮,出现元素周期表,单击 N,选择最下行最后的 NH_3,在新窗口画出 NH_3 的三维结构;

②选择周期表中 C 原子,选择最下行的 CH_4,在三维结构中分别单击两个 H,使其换成 CH_3,这样获得二甲胺;

③选择 GaussView 第三行的 R-Group Fragments 按钮,在里面找到乙烯,选中,再单击三维结构中连接 N 的 H 原子,获得 1,2-二甲基乙烯胺;

④单击连接 C 端的两个 H 中的任意一个,再次产生一个乙烯基;

⑤单击元素周期表选择 N 原子,将末端 C 改成 N,然后再将 N 相连的两个 H 改成 CH_3,这样就获得含有 1 个 CH ＝CH 单元的花菁染料分子,如图 2.6.1 所示;

⑥单击 Save Files 按钮,将所得结构保存为 Cyad1.gjf 文件。

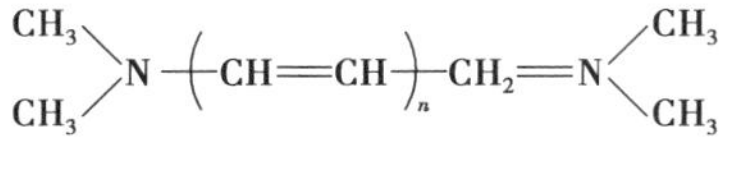

$$\begin{matrix} CH_3 \\ CH_3 \end{matrix} \!\!\! \Big\rangle \!\! N \!\! \left(CH ＝CH \right)_n \!\! CH_2 ＝N \!\! \Big\langle \!\!\! \begin{matrix} CH_3 \\ CH_3 \end{matrix}$$

图 2.6.1　花菁染料分子结构示意图

按照相同的步骤用 GaussView 软件构建分别含有 2、3、5、7 个—CH ═CH—单元的花菁染料分子。

（2）Gaussian 计算

计算分两步进行，第一步通过优化和频率分析计算获得稳定的花菁染料分子；第二步通过含时密度泛函计算获得花菁染料的紫外可见光谱。

（3）优化和频率分析获得稳定花菁染料分子

计算命令设置：

①单击 Calculate→Gaussian Calculation Setup，出现如图2.6.2所示的窗口，在窗口中进行计算命令的设置。

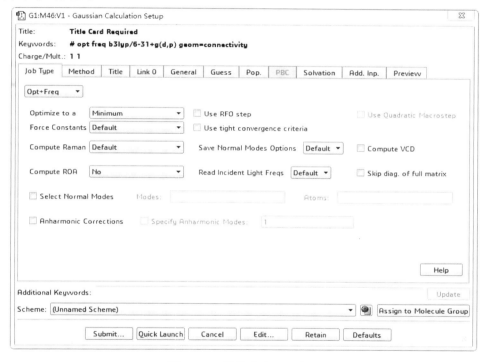

图2.6.2 计算命令设置窗口

②在 Job Type 的下拉窗口中选择 Opt+Freq，在 Method 中设置计算方法为 Ground State-DFT-Default Spin-B3LYP，基组选择 6-31+g（d，p），Charge 设置为1，Spin 设置为 Singlet，其他默认。

③保存文件，单击 Gaussian Calculation Setup 最下面的 Edit，保存为 Cyad1. gjf 文件。

提交 G09 或 G16 进行计算：在 Opt+Freq 计算正常结束后，用 GaussView 打开所对应的 Cyad1. log 文件，单击 Results-Caussian Calculation Summary，出现如图2.6.3所示的窗口，Imaginary Freq 为0，说明没有虚频，优化计算获得稳定结构，可以利用该计算结构进行紫外-可见吸收光谱分析。

图 2.6.3   含有 1 个—CH ═CH—单元的花菁染料分子

利用 B3LYP/6-31+G(d,p)方法优化和频率分析的总结窗口

（4）TD-DFT 计算获得电子跃迁光谱

①用 GaussView 打开 Cyad1.log,选择优化构型最后一步的结构,设置 TD-DFT 计算的命令。

②单击 Calculate-Gaussian Calculation Setup,在 Job Type 下拉框中选择 Energy,在 Method 中设置计算方法为 TD-SCF-DFT-Default Spin-B3LYP,基组选择 6-31+g(d,p),Charge 设置 1,Spin 设置 Singlet,States 设置 Singlet & Triplets,Solve for MoreStates 打钩,N=20,其他默认。

③单击最后一行的 Edit 保存成 Cyad1-td. gjf 文件,然后提交 G09 或 G16 程序进行计算。

（5）TD 结果分析

（6）获取光谱数据

①用 GaussView 打开 Cyad1-td. log 文件,单击 Results-UV-Vis,出现 Electronic Spectra 窗口,如图 2.6.4 所示。

②将鼠标移动到蓝色竖线上,记下窗口最下面的信息:Wavelength(nm) = 264. 77,Oscillator Strength=0. 9359。

③将鼠标放在 UV-Vis-Spectrum 图上,单击右键,单击 Save Data,获得含有具体光谱数据的 Cyad1-td_uvvis 文件。

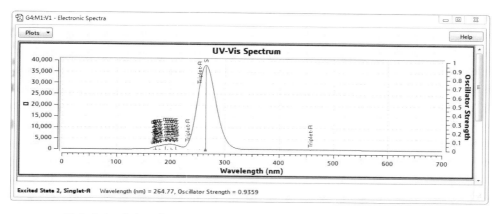

图 2.6.4　含有 1 个—CH =CH—单元的花菁染料分子的紫外-可见光谱

（7）分析光谱数据

用记事本打开 Cyad1-td. log 文本，按下"Ctrl+F"，寻找"Excitation energies and oscillator strengths："，找到如下信息：

Excited State　2：　Singlet-A　4.6826 eV　264.77 nm　f=0.9359　$<S**2>=0.000$

35 -> 36　　　　0.70776

35 <- 36　　　　-0.10243

由此可知，Wavelength（nm）= 264.77，Oscillator Strength = 0.9359 的光谱主要由轨道 35 到轨道 36 跃迁产生。

（8）画出给电子轨道和接收电子轨道

用 GaussView 打开 chk 或 fchk 文件，单击轨道标志，选中 35 和 36 号轨道，也就是 HOMO 和 LUMO，进行画图，如图 2.6.5 所示。

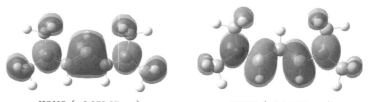

HOMO（−0.370 87a.u.）　　　　　LUMO（−0.202 79a.u.）

图 2.6.5　含有 1 个—CH =CH—单元的花菁染料分子电子给体轨道（HOMO）和受体轨道（LUMO）

（9）其他花菁染料分子的计算

用与处理含有 1 个—CH =CH—单元的花菁染料分子相同的步骤依次处理分别含有 2 个、3 个、5 个和 7 个—CH =CH—单元的花菁染料分子。将 5 个不同花菁染料分子的吸收谱画在一张图中，并以—CH =CH—单元的个数为横坐标，特征峰为纵坐标作图（有两种情况：特征峰的单位是 nm 和 eV，分别画出），比较相应的规律。

2.6.5 数据处理

①将含有 1、2、3、5 和 7 个—CH ═CH—单元的花菁染料光谱数据导入 OriginPro 软件，在同一张图中显示这 5 种不同分子的光谱图。

uvvis. txt 文件中主要包含 Peak information 和 Spectra 两部分内容，将 Spectra 的 X 和 Y 导入 OriginPro 的 book 中，对应的坐标轴要改成 X 和 Y，共 5 组。然后，在 OriginPro 中选中所有的数据，单击 Plot-Line，画出光谱图。

②以花菁染料中所含—CH ═CH—单元的个数（n）为横坐标、相应的最大峰值的波长（单位为 nm）为纵坐标，做出最大峰值的波长随 n 变化的趋势图。

2.6.6 计算结果与讨论

根据所获得的 5 种花菁染料分子的光谱图和相应的最大峰值的波长随 n 变化的趋势图，分析波长随 n 变化的趋势和吸收强度随 n 变化的趋势，并能够通过分子轨道理论解释这种变化趋势。

2.6.7 结论

花菁染料分子的吸收波长随—CH ═CH—单元的个数（n）的增加而增加，发生红移，相应的吸收强度也增加。

2.6.8 思考题

①花菁染料分子的紫外-可见光谱随—CH ═CH—单元的增多发生蓝移还是红移，为什么？ 推测聚吡咯随着吡咯单元的增加吸收光谱会怎样变化？ 二者有什么异同？

吡咯单元

②通过分子轨道理论解释为什么花菁染料分子最强吸收峰对应的是 HOMO 和 LUMO，而不是其他轨道？

参考文献

[1] FORREST S R. Ultrathin organic films grown by organic molecular beam deposition and related techniques[J]. Chemical Reviews,1997,97(6):1793-1896.

[2] 徐光宪,黎民乐,王德民,等. 量子化学:基本原理和从头计算法(下册)[M]. 2 版. 北京:科学出版社,2008.

[3] KULINICH A V,ISHCHENKO A A. Electronic structure of merocyanine dyes derived from 3H-indole and malononitrile in the ground and excited states:DFT/TD-DFT analysis[J]. Computational and Theoretical Chemistry,2019,1154:50-56.

［4］WANG X Q,LI S,ZHAO L,et al. A DFT and TD-DFT study on electronic structures and UV-spectra properties of octaethyl-porphyrin with different central metals（Ni,V,Cu,Co）［J］. Chinese Journal of Chemical Engineering,2020,28（2）:532-540.

［5］苏申阳,梁秀宁,方华. A DFT/TD-DFT study of effect of different substituent on ESIPT fluorescence features of 2-（2′-hydroxyphenyl）-4-chloromethylthiazole derivatives［J］. 中国物理 B:英文版,2022,31（3）:589-596.

2.7 乙二胺取代 $[Co(H_2O)_6]^{3+/2+}$ 水分子配体逐级反应平衡常数的 DFT 计算

2.7.1 实验目的

①了解姜泰勒效应对乙二胺（en）取代 $[Co(H_2O)_6]^{3+/2+}$ 水合离子反应的影响,进一步理解姜泰勒效应。

②了解姜泰勒效应在 $[Co(H_2O)_6]^{3+}$ 和 $[Co(H_2O)_6]^{2+}$、$[Co(en)_3]^{3+}$ 和 $[Co(en)_3]^{2+}$ 中表现不同的原因。

③了解 H_2O 配体和 en 配体对 $Co^{3+/2+}$ 生成内轨型和外轨型络合物的影响。

2.7.2 实验原理

在水溶液中 $Co^{3+/2+}$ 和水结合在一起,主要形成 $[Co(H_2O)_6]^{3+/2+}$ 水合离子,加入配位体 en 时,发生 1 个 en 分子置换 2 个 H_2O 分子的反应,逐级平衡常数为:

$$[Co(H_2O)_6]^{3+/2+} + en \rightleftharpoons [Coen(H_2O)_4]^{3+/2+} + 2H_2O \quad K_1 = \frac{\{[Coen(H_2O)_4]^{3+/2+}\}}{\{[Co(H_2O)_6]^{3+/2+}\} \cdot \{en\}}$$

$$(2.7.1)$$

$$[Coen(H_2O)_4]^{3+/2+} + en \rightleftharpoons [Co(en)_2(H_2O)_2]^{3+/2+} + 2H_2O \quad K_2 = \frac{\{[Co(en)_2(H_2O)_2]^{3+/2+}\}}{\{[Coen(H_2O)_4]^{3+/2+}\} \cdot \{en\}}$$

$$(2.7.2)$$

$$[Co(en)_2(H_2O)_2]^{3+/2+} + en \rightleftharpoons [Co(en)_3]^{3+/2+} + 2H_2O \quad K_3 = \frac{\{[Co(en)_3]^{3+/2+}\}}{\{[Co(en)_2(H_2O)_2]^{3+/2+}\} \cdot \{en\}}$$

$$(2.7.3)$$

总反应为:

$$[Co(H_2O)_6]^{3+/2+} + 3en \rightleftharpoons [Co(en)_3]^{3+/2+} + 6H_2O \quad K_{all} = K_1 K_2 K_3 = \frac{\{[Co(en)_3]^{3+/2+}\}}{\{[Co(H_2O)_6]^{3+/2+}\} \cdot \{en\}^3}$$

$$(2.7.4)$$

K 值的大小反映配合物的稳定性。根据化学反应标准自由能变化和平衡常数的关系，可得：

$$\Delta_r G_n = - RT \ln K_n = - 2.303RT \log K_n \tag{2.7.5}$$

又因为

$$\Delta_r G_n = \Delta_r H_n - T\Delta_r S_n \tag{2.7.6}$$

所以

$$\log K_n = \frac{\Delta_r S_n}{2.303R} - \frac{\Delta_r H_n}{2.303RT} \tag{2.7.7}$$

或

$$\log K_n = -\frac{\Delta_r G_n}{2.303RT} \tag{2.7.8}$$

通过这两个式子可以求出反应的稳定化常数 K_n。

2.7.3　计算方法

仪器:用于计算的计算机。
软件：
①建模软件 GaussView。
②计算软件 Gaussian。

2.7.4　计算过程设计

（1）利用 GaussView 建模
①打开 GaussView 软件,执行 File-New→Create ModGroup(或 Ctrl+N)打开一个新的窗口,单击 File 下面的 ^{6}C 按钮,出现元素周期表,单击 Co,选择下拉菜单第一行最后一个 CoH_6,在新窗口画出 CoH_6 的三维结构。
②选择周期表中的 O 原子,选择最下行的 H_2O,在三维结构中分别单击 6 个 H,使其换成 OH,这样获得 $Co(OH)_6$。
③选择 GaussView 的 Add Valence 按钮,单击 O 将 6 个 OH 变成 H_2O,获得 $Co(H_2O)_6$ 三维结构,如图 2.7.1 所示,将其保存为 CoH_2O_6. gjf 文件。
④以 $Co(H_2O)_6$ 三维结构为基础,将两个 H_2O 分子变成 CH_2CH_3,然后分别删掉两个—CH_3 相互靠近的两个 H,单击键长按钮,将两个刚刚删掉一个 H 的 C 单键连接,再将与 Co 相连的 C 原子变成 N 原子,最后单击 Clean 调整结构获得 $Coen(H_2O)_4$,将其保存为 $CoenH_2O_4$. gjf 文件。
⑤以同样的操作连续生成 $Co(en)_2(H_2O)_2$ 和 $Co(en)_3$ 结构,并保存为相应的 $Coen_2H_2O_2$. gjf 和 $Coen_3$. gjf 文件。同时用 GaussView 软件构建 H_2O 和 $NH_2CH_2CH_2NH_2$ 结构并保存相应的 gjf 文件。

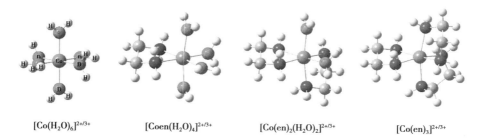

$[Co(H_2O)_6]^{2+/3+}$ $[Coen(H_2O)_4]^{2+/3+}$ $[Co(en)_2(H_2O)_2]^{2+/3+}$ $[Co(en)_3]^{2+/3+}$

图 2.7.1 $[Co(H_2O)_6]^{2+/3+}$、$[Coen(H_2O)_4]^{2+/3+}$、$[Co(en)_2(H_2O)_2]^{2+/3+}$ 和 $[Co(en)_3]^{2+/3+}$ 结构示意图

（2）各个反应物、中间体和产物的 $\Delta_f H_m$、$\Delta_f S_m$ 和 $\Delta_f G_m$ 的计算

①各结构的电荷和自旋多重度的设置：H_2O 和 en 配位原子的不同，会导致中心 $Co^{2+/3+}$ 生成内轨型或外轨型电子态，通过本实验验证强场配体生成内轨型配合物和弱场配体生物外轨型配合物。Co^{2+} 的电子态为 $(3d)^7$，可能的八面体场电子态有 $(t_{2g})^6(e_g^*)^1$ 和 $(t_{2g})^5(e_g^*)^2$，相应的自旋多重度 M_s 分别为 2 和 4。Co^{3+} 的电子态为 $(3d)^6$，可能的八面体场电子态有 $(t_{2g})^6(e_g^*)^0$、$(t_{2g})^5(e_g^*)^1$ 和 $(t_{2g})^4(e_g^*)^2$，相应的自旋多重度 M_s 分别为 1、3 和 5。因此，对图 2.7.1 中的每一种络合离子都需要计算 5 种可能的电子态。

②结构优化和频率分析计算：打开上面保存的 CoH_2O_6.gjf 文件，单击 Calculate-Gaussian Calculation Setup，出现计算设置窗口，进行如下设置：

在 Job Type 的下拉窗口中选择 Opt+Freq，在 Method 中设置计算方法为 Ground State-DFT–Default Spin-B3LYP，基组选择 6-31g(d)［根据自己的计算能力选择，如果计算机配置比较好，可以用 6-31+g(d) 或 6-31g(d,p) 基组，甚至更大的基组］，Charge 设置为 2，Spin 设置为 2，其他默认，保存为 CoH_2O_6-22.gjf 文件。同样的构型，将 Spin 改成 4，保存为 CoH_2O_6-24.gjf 文件，然后修改 Charge 为 3，Spin 分别设置为 1、3 和 5 三种情况，分别保存为 CoH_2O_6-31.gjf、CoH_2O_6-33.gjf 和 CoH_2O_6-35.gjf 文件。

将所得 gjf 文件分别提交 G09 或 G16 程序进行计算。

③在 Opt+Freq 计算正常结束后，用 GaussView 打开对应的 CoH_2O_6-××.log 文件，单击 Results→Caussian Calculation Summary，查看 Imaginary Freq 是否为 0，只有为 0 才表明优化计算获得稳定结构，才可以利用这个优化构型的频率分析获得 $\Delta_f H_m$、$\Delta_f S_m$ 和 $\Delta_f G_m$。

④以同样的电荷和自旋多重设置方式分别对 $[Coen(H_2O)_4]^{2+/3+}$、$[Co(en)_2(H_2O)_2]^{2+/3+}$ 和 $[Co(en)_3]^{2+/3+}$ 进行结构优化和频率分析，获取它们在不同自旋态下的 $\Delta_f H_m$、$\Delta_f S_m$ 和 $\Delta_f G_m$。

2.7.5 数据处理

（1）数据提取

用 GaussView 打开 CoH_2O_6-24.log 文件，单击 Results-Caussian Calculation Summary，选择 Thermo，如图 2.7.2 所示，EF+Thermal Enthalpy Correction 是该结构的生成焓 $\Delta_f H_m$，

EE+Thermal Free Energy Correction 是该结构的生成自由能 $\Delta_f G_m$，Entropy（S）是绝对生成熵 $\Delta_f S_m$。

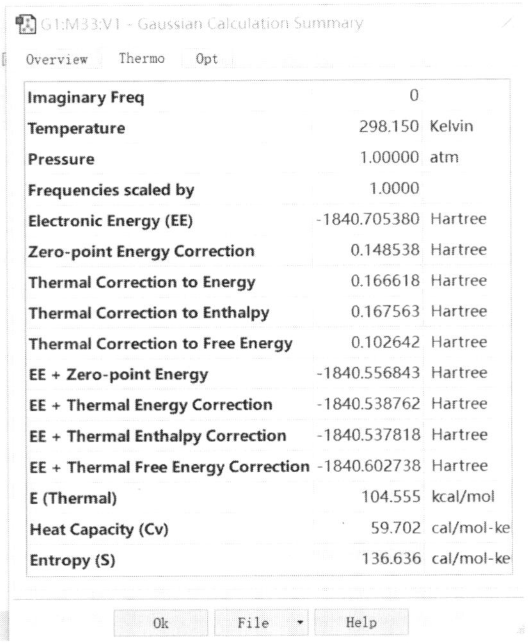

Imaginary Freq	0	
Temperature	298.150	Kelvin
Pressure	1.00000	atm
Frequencies scaled by	1.0000	
Electronic Energy (EE)	-1840.705380	Hartree
Zero-point Energy Correction	0.148538	Hartree
Thermal Correction to Energy	0.166618	Hartree
Thermal Correction to Enthalpy	0.167563	Hartree
Thermal Correction to Free Energy	0.102642	Hartree
EE + Zero-point Energy	-1840.556843	Hartree
EE + Thermal Energy Correction	-1840.538762	Hartree
EE + Thermal Enthalpy Correction	-1840.537818	Hartree
EE + Thermal Free Energy Correction	-1840.602738	Hartree
E (Thermal)	104.555	kcal/mol
Heat Capacity (Cv)	59.702	cal/mol-ke
Entropy (S)	136.636	cal/mol-ke

图 2.7.2 $[Co(H_2O)_6]^{2+}$ 在高自旋态时热力学参数总结窗口

将所有反应物、中间体和最终产物的 $\Delta_f H_m$、$\Delta_f S_m$ 和 $\Delta_f G_m$ 列表，完成表 2.7.1，通过对比找出各个价态的络合物最稳定的自旋态，利用其 $\Delta_f H_m$、$\Delta_f S_m$ 和 $\Delta_f G_m$ 值计算出每一步反应的稳定化常数，对比乙二胺取代 $[Co(H_2O)_6]^{3+/2+}$ 水分子配体逐级反应平衡常数（K_1、K_2 和 K_3），找出其变化规律，并分析原因。

表 2.7.1 通过计算获得表中各个络合物的 $\Delta_f H_m$、$\Delta_f S_m$ 和 $\Delta_f G_m$

络合物	$\Delta_f H_m$(a. u.)	$\Delta_f S_m$(cal/mol)	$\Delta_f G_m$(a. u.)
$[Co(H_2O)_6]^{2+}$-2			
$[Co(H_2O)_6]^{2+}$-4			
$[Co(H_2O)_6]^{3+}$-1			
$[Co(H_2O)_6]^{3+}$-3			
$[Co(H_2O)_6]^{3+}$-5			
$[Coen(H_2O)_4]^{2+}$-2			
$[Coen(H_2O)_4]^{2+}$-4			
$[Coen(H_2O)_4]^{3+}$-1			

续表

络合物	$\Delta_f H_m$(a.u.)	$\Delta_f S_m$(cal/mol)	$\Delta_f G_m$(a.u.)
$[\text{Coen}(\text{H}_2\text{O})_4]^{3+}$-3			
$[\text{Coen}(\text{H}_2\text{O})_4]^{3+}$-5			
$[\text{Co}(\text{en})_2(\text{H}_2\text{O})_4]^{2+}$-2			
$[\text{Co}(\text{en})_2(\text{H}_2\text{O})_4]^{2+}$-4			
$[\text{Co}(\text{en})_2(\text{H}_2\text{O})_4]^{3+}$-1			
$[\text{Co}(\text{en})_2(\text{H}_2\text{O})_4]^{3+}$-3			
$[\text{Co}(\text{en})_2(\text{H}_2\text{O})_4]^{3+}$-5			
$[\text{Co}(\text{en})_3]^{2+}$-2			
$[\text{Co}(\text{en})_3]^{2+}$-4			
$[\text{Co}(\text{en})_3]^{3+}$-1			
$[\text{Co}(\text{en})_3]^{3+}$-3			
$[\text{Co}(\text{en})_3]^{3+}$-5			
en			
H_2O			

（2）计算反应 $\Delta_r G_m$ 和平衡常数 K_n

根据 $\Delta_r G_m = \sum_B \nu_B \Delta_f G_m(B)$ 求反应吉布斯自由能 $\Delta_r G_m$。其中参与反应的任何络合物 (B) 都用其基态的 $\Delta_f G_m$，对于同一价态不同自旋的络合物，基态的吉布斯生成能最小，例如 $[\text{Co}(\text{H}_2\text{O})_6]^{2+}$ 有 2 和 4 两种自旋态，其基态为四重态，用其相应的 $\Delta_f G_m$ 计算相应反应的 $\Delta_r G_m$。

（3）计算平衡常数 K_n

通过 $\log K_n = \dfrac{-\Delta_r G_m}{2.303RT}$ 计算相应反应的稳定常数。

2.7.6　计算结果与讨论

①通过比较相同络合物不同自旋态的 $\Delta_f H_m$ 和 $\Delta_f G_m$，判断其基态自旋态，明确 d 轨道的电子填充方式，从而判断 H_2O 和 en 对 $\text{Co}^{2+/3+}$ 的电子态影响。

②对比乙二胺取代 $[\text{Co}(\text{H}_2\text{O})_6]^{3+/2+}$ 水分子配体逐级反应平衡常数 K_1、K_2 和 K_3 的大

小,并用姜泰勒效应解释其原因。

③比较$[Co(H_2O)_6]^{2+}$和$[Co(H_2O)_6]^{3+}$的总稳定平衡常数的$K_{all}=K_1K_2K_2$的大小,并分析原因。

2.7.7 结论

①H_2O配体多有利于生成$Co^{2+/3+}$外轨型配合物,en增加有利于生成$Co^{2+/3+}$内轨型配合物。

②逐级反应平衡常数$K_1 > K_2 > K_3$。

③$K_{all}([Co(H_2O)_6]^{3+}) > K_{all}([Co(H_2O)_6]^{3+})$。

2.7.8 思考题

①通过以上实验的结构参数分析姜泰勒效应在$[Co(H_2O)_6]^{2+}$和$[Co(H_2O)_6]^{4+}$、$[Co(en)_3]^{2+}$和$[Co(en)_3]^{3+}$中表现的异同,并分析原因。

②上述实验所得乙二胺取代$[Co(H_2O)_6]^{3+/2+}$水分子配体逐级反应平衡常数与实验值还有一定差距,试分析产生的原因,并思考怎样避免。

参考文献

[1] 徐光宪,黎民乐,王德民,等. 量子化学:基本原理和从头计算法(下册)[M]. 2版. 北京:科学出版社,2008.

[2] 陈正隆,徐为人,汤立达. 分子模拟的理论与实践[M]. 北京:化学工业出版社,2007.

[3] 周春琼,邓先和. 钴络合物液相络合NO的研究进展[J]. 现代化工,2005(9):26-29.

[4] 王雅. 赝姜泰勒效应引发的对称性破缺机制的理论研究[D]. 哈尔滨:哈尔滨工业大学,2020.

[5] 尹跃洪,宋燕. $(AgBr)^{3+}$的结构及姜泰勒效应[J]. 原子与分子物理学报,2012,29(1):17-21.

2.8 头孢洛林酯分子构象变化及其分子光谱的探索

2.8.1 实验目的

①学会利用GaussView构建复杂分子的合理结构,了解对复杂分子计算方法的选择技巧。

②了解头孢洛林酯醋酸和水分子结合位点不同对主体分子结构的调控功能,并计算出各个结合位点的结合能。

③了解不同分子构象对头孢洛林酯药理功能的影响。

2.8.2　模型选择

头孢洛林酯(Ceftaroline Fosamil, PPI-0903, TAK-599, 商品名 Teflaro®),是第四代头孢菌素头孢唑兰的衍生物,于 2010 年 10 月 29 日获得美国食品药品监督管理局(Food and Drug Administration, FDA)批准上市,用于治疗成人社区获得性细菌性肺炎、急性细菌性皮肤和皮肤组织感染,对耐药的革兰氏阳性菌和革兰氏阴性菌有较好的治疗作用,为临床上治疗多重耐药菌感染提供了新的选择。头孢洛林酯作为头孢洛林的 N-膦酰氨基水溶性前药,进入体内后被血液中的磷酸酯酶迅速水解为有生物活性的化合物头孢洛林,头孢洛林酯被归为"第五代"头孢菌素。

头孢洛林酯(结构式如图 2.8.1 所示),化学名:(6R,7R)-7-{(2Z)-2-(乙氧亚氨基)-2-[5-(膦酰氨基)-1,2,4-噻二唑-3-基]-乙酰氨基}-3-{[4-(1-甲基吡啶鎓-4-基)-1,3-噻唑-2-基]硫基}-8-氧代-5-硫杂-1-氮杂二环[4.2.0]辛-2-烯-2-羧酸醋酸盐一水化合物。

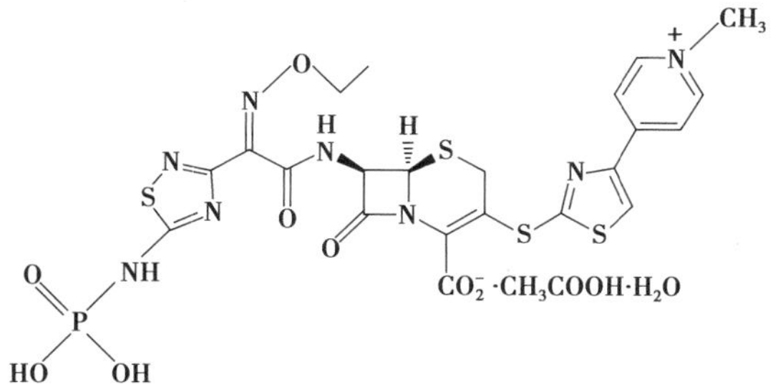

图 2.8.1　头孢洛林酯结构式($C_{22}H_{21}N_8O_8PS_4 \cdot C_2H_4O_2 \cdot H_2O$)

2.8.3　计算方法

仪器:用于计算的计算机。

软件:

①建模软件 GaussView。

②计算软件 Gaussian。

2.8.4　计算过程设计

(1)利用 GaussView 构建头孢洛林酯($C_{22}H_{21}N_8O_8PS_4 \cdot C_2H_4O_2 \cdot H_2O$)结构

①打开 GaussView 软件,执行 File→New-Create ModGroup(或 Ctrl+N)打开一个新的窗口,单击 File 下面的 Ring Fragments 按钮,选择苯环,在新窗口画出苯的三维结构。

②选择 Element Fragments 中的 C 原子,选择最下行的 CH₄,单击一个 H,将苯变成甲

苯,如图 2.8.2 中(a)、(b)和(c)所示。

③单击 Element Fragments,选择 N,将与—CH₃ 相连的 C 变成 N,获得 1-甲基吡啶鎓离子,如图 2.8.2 中(c)所示。

④单击 File 下面的 Ring Fragments 按钮,选择吡咯,单击甲基对位的 H,然后单击 Element Fragments,分别选择 NH₃ 和 SH₂,将五元环的逆时针邻位 C 和顺时针间位 C 分别变成 N 和 S,再通过二面角按钮将两个环调整在一个平面上,如图 2.8.2 中(d)所示。

⑤将五元环逆时针间位 C 连接 H 变成 S—H,然后将 S—H 上的 H 变成苯环,如图 2.8.2(e)和(f)所示;然后将苯环间位连接羧基,并将羧基邻位 C 变成 N 和对位 C 变成 S,然后调节六元环各个键的长度,生成一个双键和 5 个单键,再经过 Add Valence 按钮将两个单键相连的 C 分别加两个 H,如图 2.8.2 中(g)和(h)所示。

⑥在 R-group Fragments 下选择 formyl,单击与 N 相连的 H,使其变成—CHO,生成图 2.8.2(i)所示的结构。然后将醛基 H 变成 C,再删掉 N 和 S 中间的"CH₂"中的一个 H,将 C 和"CH"通过单键连接,在 C 上加两个 H,单击 Clean 调整结构,生成图 2.8.2(j)所示的结构;再将四元环 C 上连接—NHCOCHO,如图 2.8.2(k)所示,此处,四元环上的两个 H 有两种构象:同一侧和两侧,需要计算验证哪一种构象最适合;再将最后一个 H 变成五元环,修改原子生成图 2.8.2(l)所示结构;然后将与五元环相连的羰基 O 变成 N,生成图 2.8.2(m)所示的结构;再连接 CH₃CH₂O—,生成图 2.8.2(n)所示的结构;然后将与五元环中与 C 相连的 H 变成 NH,如图 2.8.2(o)所示;再在 R-group Fragments 中选中 Phosphonyl,单击 NH 上的 H,生成如图 2.8.2(p)所示的结构;最后将与 P 相连的两个 H 变成 OH,获得头孢洛林酯结构,如图 2.8.2(q)所示。实验上给出头孢洛林酯与一个醋酸分子(HAc)和一个 H_2O 同时共存,还需加上此二分子,如图 2.8.2(r)所示。需要注意的是,头孢洛林酯与 HAc 和 H_2O 的结合位点较多,其最佳结合位点需要通过计算验证。将头孢洛林酯不同位点与 HAc 和 H_2O 结合的构型分别保存为相应的 gjf 文件。

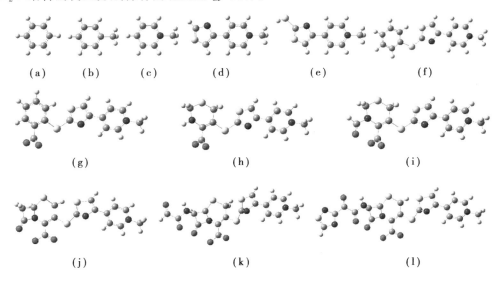

(a)　　(b)　　(c)　　(d)　　(e)　　(f)

(g)　　(h)　　(i)

(j)　　(k)　　(l)

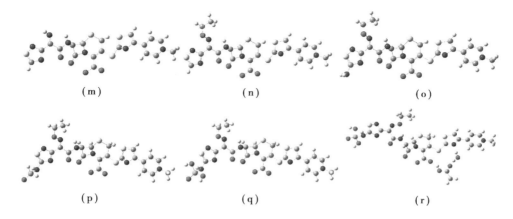

（m）　　　　　　　　（n）　　　　　　　　（o）

（p）　　　　　　　　（q）　　　　　　　　（r）

图 2.8.2 $C_{22}H_{21}N_8O_8PS_4 \cdot C_2H_4O_2 \cdot H_2O$ 分子的构建过程，提供一种构建顺序，不限于这种顺序

（2）Gaussian 计算

$C_{22}H_{21}N_8O_8PS_4$ 分子的单独优化计算：在命令为 opt freq Cam-B3LYP/6-31g（d）下优化 $C_{22}H_{21}N_8O_8PS_4$ 分子两种可能构象［图 2.8.3（a）］，优化后的构象［图 2.8.3（b）］显示两种构象优化前后变化都较大，尤其是第二种构象，当 $C_{22}H_{21}N_8O_8PS_4$ 分子中四元环中两个氢在同一侧时，分子发生折叠，第一种构象还保持线型形状。线型形状有利于头孢洛林酯进入蛋白质的靶点，因此初步判断第一种构象有利于发挥头孢洛林酯的药效。

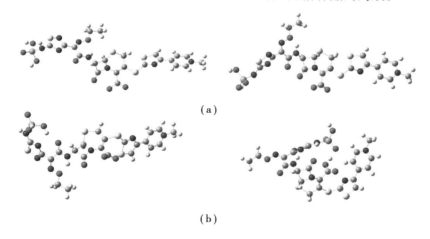

（a）

（b）

图 2.8.3 通过 GaussView 设计的两种 $C_{22}H_{21}N_8O_8PS_4$ 分子构象（a）和优化后的构象（b）

头孢洛林酯（$C_{22}H_{21}N_8O_8PS_4 \cdot C_2H_4O_2 \cdot H_2O$）分子可能的构象计算：$CH_3$—COOH $\cdot H_2O$ 与 $C_{22}H_{21}N_8O_8PS_4$ 分子有多种结合位点，本实验主要分析分子两头和中间 3 个不同部位与 CH_3—COOH $\cdot H_2O$ 相互作用对分子稳定性的影响，并且分别计算各个位点相应的结合能，推断 CH_3—COOH $\cdot H_2O$ 与 $C_{22}H_{21}N_8O_8PS_4$ 最佳结合构象，并给出相应结合前后红外光谱的变化。

2.8.5　数据处理

①$C_{22}H_{21}N_8O_8PS_4$ 分子不同构象的能量比较(至少两种构象)。

②$C_{22}H_{21}N_8O_8PS_4 \cdot C_2H_4O_2 \cdot H_2O$ 不同构象的能量比较(至少三种构象)。

表 2.8.1　DFT 计算的绝对能(E)、构象相对能(ΔE)及结合能(E_b)统计

分子式	构象	E/a. u.	ΔE/(kcal $\cdot$ mol^{-1})	E_b/(kcal $\cdot$ mol^{-1})
$C_{22}H_{21}N_8O_8PS_4$	1			
	2			
	3			
	4			
	5			
$C_{22}H_{21}N_8O_8PS_4 \cdot$ $C_2H_4O_2 \cdot H_2O$	1			
	2			
	3			
	4			
	5			
	6			

③$C_{22}H_{21}N_8O_8PS_4$ 与 $C_2H_4O_2 \cdot H_2O$ 的结合能计算。结合能(E_b)通过下列公式计算:

$$E_b = E(C_{22}H_{21}N_8O_8PS_4 \cdot C_2H_4O_2 \cdot H_2O) - E(C_{22}H_{21}N_8O_8PS_4) - E(C_2H_4O_2 \cdot H_2O)$$

式中,$E(C_{22}H_{21}N_8O_8PS_4 \cdot C_2H_4O_2 \cdot H_2O)$ 是优化获得 $C_{22}H_{21}N_8O_8PS_4 \cdot C_2H_4O_2 \cdot H_2O$ 的能量,$E(C_{22}H_{21}N_8O_8PS_4)$ 是在 $C_{22}H_{21}N_8O_8PS_4 \cdot C_2H_4O_2 \cdot H_2O$ 优化结构基础上删去 $C_2H_4O_2 \cdot H_2O$ 作单点计算的能量,同样 $E(C_2H_4O_2 \cdot H_2O)$ 也是单点计算的能量。

2.8.6　计算结果与讨论

通过相对能(ΔE)的分析,明确 $C_{22}H_{21}N_8O_8PS_4$ 和 $C_{22}H_{21}N_8O_8PS_4 \cdot C_2H_4O_2 \cdot H_2O$ 的最佳构象,分析相应的稳定因素,主要包括分子内氢键、分子间氢键、静电排斥作用和静电吸引作用等,通过图示表示。

2.8.7　结论

确定头孢洛林酯中醋酸分子(CH_3COOH)和 H_2O 结合的最佳位点,明确头孢洛林酯的稳定结构。

2.8.8　思考题

①找出头孢洛林酯的手性原子并判断可能的旋光性,通过文献查询明确哪一种旋光性消炎效果最佳。

②根据 CH_3—$COOH \cdot H_2O$ 与 $C_{22}H_{21}N_8O_8PS_4$ 不同结合位点结合前后的红外光谱的变化,推测环境变化对分子红外光谱的影响。

③对复杂分子的计算处理有哪些可能方案?

参考文献

［1］HUGHES D L. Patent review of manufacturing routes to fifth-generation cephalosporin drugs. part 2,ceftaroline fosamil and ceftobiprole medocaril［J］. Organic Process Research & Development,2017,21(6):800-815.

［2］何忠,武秀亭,赵博,等.头孢洛林酯治疗社区获得性肺炎疗效与安全性的荟萃分析［J］.国际呼吸杂志,2020,40(9):661-666.

［3］黎唯,谢惠定,黄燕,等. Gaussian 09/GaussView 5.0 在分析化学教学中的应用［J］.昆明医科大学学报,2016,37(10):134-136.

［4］邢慧芳,王丽,倪善,等. B21C7 与 DB21C7 分子构象溶剂效应 NMR 研究［J］.光谱学与光谱分析,2023,43(S1):115-116.

［5］王国成,陈宇,邹志伟,等.三聚氰胺分子在外电场中的物理特性和红外光谱特征［J］.中国科学院大学学报,2023,40(4):468-473.

第3章 基础电化学实验

3.1 铁氰化钾的循环伏安测试与电参数测定

3.1.1 实验目的

①学习循环伏安法测定电极反应参数的基本原理和方法。
②掌握循环伏安法判断电极反应过程的可逆性。
③掌握电化学工作站循环伏安法的测试方法。

3.1.2 实验原理

电化学分析法是采用物质的电化学性质来测定物质的组成、含量的分析方法。物质的常见电化学性质参数有溶液电导、电势、电流和电量等。因此,电化学分析法一般分为电导分析法、电势分析法、电解分析法、库仑分析法和伏安分析法。电化学分析法的特点是分析速度快、灵敏度高、选择性好、所需试剂量少、易于自动控制等。其中,伏安分析法是一类根据测定电活性物质电解过程中电流与电势(电压)曲线进行定性或定量分析的电化学分析法。而极谱伏安法是以滴汞电极为工作电极的特殊伏安分析法。根据施加激励信号的方式、波形及种类的不同,伏安分析法又分为多种,如线性伏安法、循环伏安法、脉冲伏安法、方波伏安法等。

对于研究新的电化学体系,循环伏安法是首选的电化学分析方法。循环伏安法(Cycle Voltammetry,CV)是将循环变化的电压施加于工作电极与参比电极之间,记录工作电极上测得的电流和施加电压的关系曲线,一般不用于定量分析。根据循环伏安曲线,可以判断电化学反应的可逆性、电化学反应过程、电极表面吸附等性质;还可测定电极反应参数,推测电化学反应机理和控制步骤。

CV 的施加电压随时间变化呈三角波形,是电极电势从初始电势值开始随时间进行线性扫描至第一转向电势值后,扫描方向反向,然后以同样的扫速电极电势扫描至第二转向电势值后,扫描方向反向,如此反复,如图 3.1.1 所示。一个三角波扫描,可以完成电化学反应的还原与氧化两个过程。图 3.1.1 是循环伏安法的典型激励信号。在图 3.1.1 中,施加电压从起始电势 0.8 V 开始负向扫描至第一次转向电势−0.2 V,然后再正向扫描至第二次转向电势 0.8 V,该过程为第一次循环,虚线表示第二次循环。直线的斜率反映了扫描速度,扫描速度为 50 mV/s。电压扫描速度可以从每秒毫伏到伏量级。该法可用的工作电极有汞电极、铂电极、玻璃碳电极、碳纤维微电极、化学修饰电极等。电势从负值向正值扫描,定义为正向扫描,反之,为负向扫描。

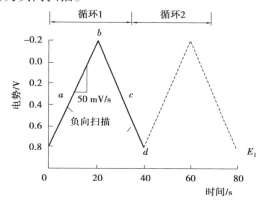

图 3.1.1　循环伏安法的典型激励信号

图 3.1.2 所示是 Pt 电极在 6 mmol/L $K_3Fe(CN)_6$ 溶液和 1.0 mol/L KNO_3 电解质溶液中的循环伏安图。为了使液相传质只受扩散控制,应在 CV 测试时加入支持电解质,并且电解液处于静止状态。溶液中的溶解氧也具有电活性,可通入惰性气体 N_2 或 Ar 除去。从图 3.1.2 可知,CV 的起始扫描电势为+0.8 V(a 点),电势较正的目的是避免电极接通后发生电解;然后沿负的电势扫描,当电势至 $[Fe(CN)_6]^{3-}$ 可还原时,即 $[Fe(CN)_6]^{4-}$ 的析出电势(b 点),将产生阴极电流,其电化学反应为:

$$[Fe(Ⅲ)(CN)_6]^{3-}+e^- \longrightarrow [Fe(Ⅱ)(CN)_6]^{4-} \tag{3.1.1}$$

随着电势变负,阴极电流迅速增加($b{\rightarrow}d$),直至电极表面的 $[Fe(CN)_6]^{3-}$ 浓度趋于 0,电流在 d 点达到最高峰,称为还原峰。然后电流迅速衰减($d{\rightarrow}g$),直到电极表面附近溶液中的 $[Fe(CN)_6]^{3-}$ 仍在不断还原,故仍呈阴极电流,而不是阳极电流。当电极电势继续正移变至 $[Fe(CN)_6]^{4-}$ 的析出电势(h 点)时,聚集在电极表面附近的还原产物 $[Fe(CN)_6]^{4-}$ 被氧化,其电化学反应为:

$$[Fe(Ⅱ)(CN)_6]^{4-}-e^- \longrightarrow [Fe(Ⅲ)(CN)_6]^{3-} \tag{3.1.2}$$

这时,产生阳极电流。随着扫描电势正移,阳极电流迅速增加,当电极表面的 $Fe(CN)_6^{4-}$ 浓度趋于 0 时,阳极极化电流在 j 点达到峰值,称为氧化峰。扫描电势继续正移,电极表面附近的 $[Fe(CN)_6]^{4-}$ 耗尽,阳极电流衰减至最小(k 点)。当电势扫描至+0.8 V 时,完成第一次循环,获得循环伏安图。

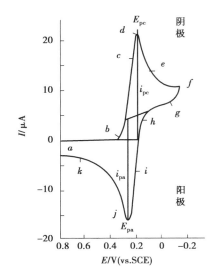

图 3.1.2　6 mmol/L $K_3Fe(CN)_6$ 的 CV 曲线

（Pt 电极，支持电解质 1 mol/L KNO_3，扫描速度 50 mV/s，铂电极面积 2.54 mm^2）

从循环伏安图，我们可以得到几个重要参数：阳极峰电流 i_{pa}、阴极峰电流 i_{pc}、阳极峰电势 E_{pa}、阴极峰电势 E_{pc}。测量峰电流不是以零电流线为基线，而是以背景电流线为基线。测量峰电流 i_p 的方法是沿基线作切线外推至峰下，从峰顶作垂线至切线，其间隔高度为 i_p（图 3.1.2），峰电势可直接从横轴与峰顶对应处读取。

（1）对于可逆体系，电化学参数有以下两个性质

第一，$i_{pa}/i_{pc} \approx 1$，与扫描速度无关，这是判断电极反应是否为可逆体系的重要依据。

第二，$\Delta E_p = E_{pa} - E_{pc} = 2.22RT/nF \approx 0.056/n(V)$，即氧化还原峰电势差约为 $56/n$（mV），n 为电子转移系数（在 293 K 时）。氧化还原峰电势之差越大，电极体系越不可逆。对于铁氰化钾电对，电化学反应为单电子反应，$\Delta E_p \approx 56$ mV。ΔE_p 也与实验条件有关，一般数值为 55~65 mV 时，可判断为电极反应为可逆过程。

这两个性质是判断电化学反应可逆性的重要依据。

（2）根据循环伏安曲线判断电化学反应的控制步骤

当电化学反应受扩散控制时，i_p 与 $v^{1/2}$ 和 c 都呈线性关系。根据 Randles-Savcik 方程，正向扫描的峰电流 i_p 为：

$$i_p = 2.69 \times 10^5 n^{3/2} AD^{1/2} v^{1/2} c \tag{3.1.3}$$

其中，i_p 为峰电流（A），n 为电子转移数，A 为电极面积（cm^2），D 为电活性物质的扩散系数（cm^2/s），v 为扫描速度（V/s），c 为浓度（mol/L）。若在不同扫描速度下测试铁氰化钾循环伏安图，得到 i_p 与 $v^{1/2}$ 呈线性关系，那么可通过计算 $i_p = kv^{1/2}$ 的斜率，代入相关参数，计算得到一定浓度的铁氰化钾在某支持电解质中、某温度下的扩散系数 D。

铁氰化钾氧化还原电对的条件电势 E^0 与 E_{pa}、E_{pc} 的关系如下

$$E^0 = \frac{E_{pa} + E_{pc}}{2} \tag{3.1.4}$$

3.1.3 仪器和试剂

CHI610E 型电化学工作站、铂盘电极(或玻碳电极)、铂片、饱和甘汞电极。

1.0 mol/L KCl 溶液、0.02 mol/L $K_3Fe(CN)_6$ 标准溶液、0.10 mol/L H_3PO_4-KH_2PO_4 溶液。

3.1.4 实验内容

(1)工作电极抛光

取少量 Al_2O_3 抛光粉于麂皮上,用去离子水调制成糊状,将玻碳电极表面在麂皮上抛光,用去离子水清洗干净,用滤纸吸干,待用。

(2)配制溶液

在 5 个 50 mL 容量瓶中,分别加入 0.02 mol/L 的 $K_3Fe(CN)_6$ 标准溶液 0,1.00,2.00,4.00,10.00 mL,再各加入 10 mL 1.0mol/L KCl 溶液,用去离子水稀释至刻度,摇匀。将不同浓度的 $K_3Fe(CN)_6$ 标准溶液装入 5 个电解池中,贴上标签,写明浓度。

(3)循环伏安图测量

电化学装置组装:循环伏安测试采用三电极测试装置。以处理过的玻碳电极(或铂电极)为工作电极,以碳棒(或铂电极)为对电极,以饱和甘汞电极为参比电极,将三电极组装后,与电化学工作站的相应鳄鱼夹正确连接,保证连接通畅。注意:电极间不要短路,否则会损坏仪器;避免拉扯电极顶端的电线,否则会使信号断路。

不同浓度的 $K_3Fe(CN)_6$ 标准溶液的循环伏安图:从低浓度向高浓度的 $K_3Fe(CN)_6$ 标准溶液进行测试,实验参数如表 3.1.1 所示。

表 3.1.1 不同浓度的 $K_3Fe(CN)_6$ 标准溶液的循环伏安图实验参数

Parameters(English)	实验参数(中文)	参数值
Init E/V	起始电势/V	+0.8
High E/V	最高电势/V	+0.8
Low E/V	最低电势/V	−0.2
Final E/V	终止电势/V	−0.2
Initial Scan	初始扫描方向	负向
Scan Rate/$(V \cdot s^{-1})$	扫描速度/$(V \cdot s^{-1})$	0.05
Sweep Segments	扫描段数	2
Sensitivity/$(A \cdot V^{-1})$	灵敏度/$(A \cdot V^{-1})$	10^{-5}

最大浓度下,不同扫描速度时 $K_3Fe(CN)_6$ 标准溶液的循环伏安图:在 $1×10^{-3}$ mol/L $K_3Fe(CN)_6$ 标准溶液中,以 20,50,100,125,150,175,200 mV/s 的扫描速度记录循环伏安曲线。注意:在每测试一个扫速后,需轻轻搅动几下电解池的溶液,使电极附近的溶液恢复

至溶液初始本体浓度,实验参数设置如上。

3.1.5　实验数据记录与处理

①列表总结 $K_3Fe(CN)_6$ 溶液的测量结果（E_{pa}、E_{pc}、ΔE_p、i_{pa}、i_{pc}），如表 3.1.2 所示。请分析判断电极反应的可逆性。

表 3.1.2　$K_3Fe(CN)_6$ 的测量结果

$K_3Fe(CN)_6$ 溶液的浓度 /(mol·L^{-1})	扫描速度/ (mV·s^{-1})	E_{pa} /mV	i_{pa} /mA	E_{pc} /mV	i_{pc} /mA	i_{pa}/i_{pc}	$\Delta\varphi$ /mV

②绘制 $K_3Fe(CN)_6$ 溶液的 i_{pa}、i_{pc} 与相应浓度 c 的关系曲线,说明峰电流与浓度的关系。

③绘制最大浓度下 $K_3Fe(CN)_6$ 溶液的 i_{pa}、i_{pc} 与相应 $v^{1/2}$（v:扫描速度）的关系曲线,说明峰电流与扫描速度的关系。

④计算 $K_3Fe(CN)_6$ 电极反应的电子转移系数和条件电势。

3.1.6　思考题

①请用 $K_3Fe(CN)_6$ 的循环伏安图解释其在电极上可能发生的反应的机理。

②为什么要在静止条件下测试 $K_3Fe(CN)_6$ 溶液的循环伏安图?

参考文献

[1] 胡会利,李宁.电化学测量[M].北京:化学工业出版社,2020.

[2] 贾琼,马玖彤,宋乃忠.仪器分析实验[M].北京:科学出版社,2016.

[3] 阿伦·J.巴德,拉里·R.福克纳.电化学方法:原理和应用[M].2 版.邵元华,朱果逸,董献堆,译.北京:化学工业出版社,2019.

[4] LI D,ZHOU J S,CHEN X H,et al. Graphene-loaded Bi_2Se_3:A conversion-alloying-type anode material for ultrafast gravimetric and volumetric Na storage [J]. ACS Applied Materials & Interfaces,2018,10(36):30379-30387.

[5] LIN T Q,CHEN I W,LIU F X,et al. Nitrogen-doped mesoporous carbon of extraordinary capacitance for electrochemical energy storage[J]. Science,2015,350(6267):1508-1513.

［6］YE S H,SHI Z X,FENG J X,et al. Activating CoOOH porous nanosheet arrays by partial i-ron substitution for efficient oxygen evolution reaction［J］. Angewandte Chemie (International Ed in English),2018,57(10):2672-2676.

［7］JING P,WANG Q,WANG B Y,et al. Encapsulating yolk-shell FeS_2@carbon microboxes into interconnected graphene framework for ultrafast lithium/sodium storage［J］. Carbon, 2020,159:366-377.

［8］WANG Y K,ZHANG R F,PANG Y C,et al. Carbon @ titanium nitride dual shell nanospheres as multi-functional hosts for lithium sulfur batteries［J］. Energy Storage Materials,2019,16:228-235.

3.2　动电势扫描法研究金属阳极过程

3.2.1　实验目的

①掌握恒电势法研究金属钝化的基本原理及实验方法。
②了解金属的阳极钝化现象及各种因素对它的影响。
③测试金属钝化相关电化学参数。

3.2.2　基本原理

　　金属的阳极过程是指金属作为阳极发生电化学溶解的过程,在化学能源、电解、电镀、金属腐蚀及防护等方面的研究和实际应用过程中,都涉及金属的阳极过程,因此,研究金属的阳极行为具有重要的实际意义。图 3.2.1 是具有普遍意义的金属阳极极化曲线,图中 AB 段是金属正常阳极溶解曲线,它的溶解速度即阳极电流随着电极电势变正而加大。但是,当达到 B 点时,随着电势继续正移,阳极电流急剧下降到 C 点,即 BC 段。这是电极上发生钝化过程引起的。通常把对应于 B 点的电流称为致钝电流。相对于钝态而言,也经常把 A 点与 C 点电势范围内的电极状态称为"活化能"。当电极电势从 D 点继续变正时,阳极电极电流又重新出现随电势变正而加大的 DE 段,它可以是超钝化现象引起的,也可以是其他电极过程(如氧析出过程)引起的,在含氯离子溶液中是点蚀现象引起的。

　　研究金属阳极溶解及钝化现象通常采用两种方法:恒电流法和恒电势法。由于恒电势法能测得完整的阳极极化曲线,因此,在金属钝化现象的研究中,比恒电流法更为有利。从恒电势法测得的金属阳极化曲线(图 3.2.1)可以看出,它具有一个"负坡度"区域的特点,具有这种特点的曲线是无法用恒电流法来测量的。由于在同一个电流值下,可能对应几个不同的电极电势,因此,在恒电流极化时,电极电势将处于一种不稳定状态。

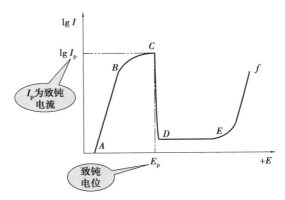

图 3.2.1   金属阳极极化曲线

本实验用动电势极化法测定镍电极在纯硫酸溶液中的阳极过程,不同的动电势扫描速度扫描,可以得到一组阳极极化曲线,图 3.2.2 是镍电极在纯硫酸溶液中、不同扫描速度下的阳极钝化曲线。从图中可以获得钝态电极电势范围、"活化态"电极电势范围、致钝电流密度、维钝电流密度。此外,还可以看到致钝电流随着扫描速度的增加而明显加大,极电势稍稍往正移动了数十毫伏,关于这一点可以从硫酸的摩尔电导值(表 3.2.1)看出。对电解池实际情况进行估算,很容易验证它与溶液欧姆电势降引起电极电势移动是相当符合的。那么,致钝电流的增大可能被认为是扫描速度增加引起双电层电容充电电流增加所致。可以通过以下估算加以验证。

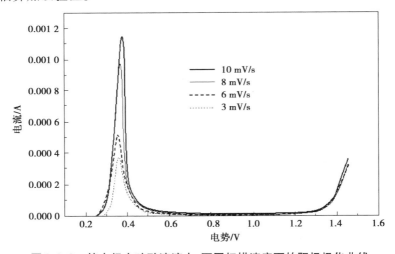

图 3.2.2   镍电极在硫酸溶液中、不同扫描速度下的阳极极化曲线

表 3.2.1   不同浓度的 H_2SO_4 溶液的摩尔电导

$c/(\text{mol} \cdot \text{L}^{-1})$	0.015	0.025	0.05	0.10	0.15
$\Lambda/(\text{S} \cdot \text{cm}^2 \cdot \text{mol}^{-1})(18\ ℃)$	544	506	450	428	420

$$i_c = SC_d = \frac{\mathrm{d}\Psi_c}{\mathrm{d}t} = SC_d v \qquad (3.2.1)$$

式中，i_c 是双电层充电电流；S 表示电极面积；C_d 是双电层电容值，考虑到电极表面粗糙，可估算为 $10\ \mu\mathrm{F/cm}^2$；v 是扫描速度，那么，v 变化引起的 i_c 变化是：

$$\Delta i_c = SC_d \Delta v \qquad (3.2.2)$$

验证结果会发现，致钝电流的增加远远大于充电电流的增加，因此，不能用充电电流来解释这一实验事实。究竟是什么原因呢？我们不妨计算一下"活化区"所包含的电量，以其表征电极进行钝态所需的电量。结果发现，该电量随着扫描速度的增加而减少。如果认为可溶性阳极氧化产物（如 Ni^{2+}）的深度会影响钝化过程，而且产物扩散是它的影响因素，那么实验事实就很容易理解。因为扫描速度的增加意味着进入钝态的时间短，产物来不及往外扩散，因此，只需要更少的电量就可以使电极表面附近的产物浓度累积到引起钝化的程度。上述看法是否正确，最好以该论点为依据，再设计一些实验进行验证，以求得更多的支持。

图 3.2.3 是固定某一扫描速度，改变溶液中 Cl^- 浓度时，镍的阳极钝化曲线。在做每条极化曲线前后，我们都可以用放大镜观察电极表面，在钝硫酸溶液中，实验前具有金属光泽的电极表面实验后出现灰色氧化物膜。当溶液中含有 Cl^- 时，实验后电极表面上能明显地观察到点蚀形成的凹坑。我们常把含有 Cl^- 极化曲线的 D 点电极电势称为点蚀电势。从图 3.2.3 中还可看到，随着 Cl^- 浓度的增加，进入钝态所需的电量也明显增加。这说明溶液中的 Cl^- 延缓了金属的钝化过程，具有活化作用。

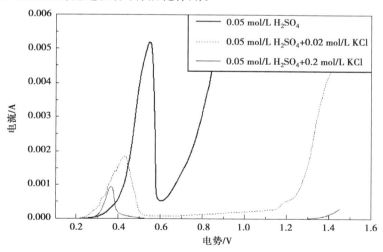

图 3.2.3　镍在不同 Cl^- 浓度的 H_2SO_4 中的阳极极化曲线

3.2.3　仪器和试剂

实验仪器：CHI660e 电化学工作站。

实验材料：镍电极、甘汞电极、碳棒或铂电极、鲁金毛细管、1 000 mL 容量瓶、100 mL 烧杯、玻璃棒、天平、胶头滴管、砂纸。

实验试剂:0.05 mol/L H_2SO_4 溶液、0.05 mol/L H_2SO_4+0.2 mol/L KCl 溶液、0.05 mol/L H_2SO_4+0.02 mol/L KCl 溶液。

3.2.4 实验内容

(1)溶液的配制与电极处理

用超纯水分别配制 3 种溶液 0.05 mol/L H_2SO_4、0.05 mol/L H_2SO_4+0.2 mol/L KCl、0.05 mol/L H_2SO_4+0.02 mol/L KCl 溶液,各 25 mL。

镍电极表面用金相砂纸从粗到细逐渐磨光,记下电极表观表面积。

(2)测量 Ni 在 H_2SO_4 溶液中的阳极极化曲线

在不同电势速度下测量 Ni 电极在纯 0.05 mol/L H_2SO_4 溶液中的 4 条阳极钝化曲线,再将 4 条钝化曲线叠加在同一张图中,并用放大镜观察测量前后电极表面的变化情况。测试条件为:

电势扫描速度:3,5,8,10 mV/s。

电势扫描范围:−0.4 ~ +1.4 V

(3)测量 Ni 在含 Cl^- 的溶液中的阳极极化曲线

在不同电势扫描速度下测量 Ni 在不同 Cl^- 浓度下的阳极钝化曲线,再叠加 3 条钝化曲线在同一张图中,每做完一条曲线,都应用放大镜观察电极表面,观察镍电极表面上点蚀的凹坑。

电势扫描速度:3,5,8,10 mV/s。

电势扫描范围:−0.4 ~ +1.4 V 和−0.4 ~ +0.8 V。

3.2.5 实验数据记录与处理

①画出在不同电势速度下测量的 Ni 电极在纯 0.05 mol/L H_2SO_4 溶液中的阳极钝化曲线,比较致钝电流、致钝电势、维钝电流、维钝电势区间。

②画出同一电势速度下测量的不同 Cl^- 浓度的阳极钝化曲线,比较不同 Cl^- 浓度对 Ni 电极的致钝电流、致钝电势、维钝电流、维钝电势区间、点蚀电势的影响。

3.2.6 思考题

为什么说 Cl^- 对金属 Ni 的钝化过程有一定抑制作用? 举例说明该原理在光亮镀镍过程中的应用。

参考文献

[1] KUZIN Y I, KHADIEVA A I, PADNYA P L, et al. Electrochemistry of new derivatives of phenothiazine:Electrode kinetics and electropolymerization conditions[J]. Electrochimica

Acta,2021,375:137985.

[2] ALBERY J, KLERER J. Electrode kinetics [J]. Journal of the Electrochemical Society, 1976,123(10):350.

[3] 贾志军,马洪运,吴旭冉,等. 电化学基础(Ⅴ):电极过程动力学及电荷传递过程[J]. 储能科学与技术,2013,2(4):402-409.

[4] 陈治良. 电镀合金技术及应用[M]. 北京:化学工业出版社,2016.

[5] 宿辉,王慧文. 镁合金化学镀镍的研究进展[J]. 电镀与涂饰,2018,37(9):411-417.

3.3　Tafel 曲线外延法测定金属腐蚀速度

3.3.1　实验目的

①掌握测定金属腐蚀速度的电化学原理及方法。
②掌握 Tafel 曲线测定金属腐蚀速度的方法和动力学参数。
③掌握 Tafel 曲线测试方法。

3.3.2　实验原理

在使用金属的过程中,人们不仅关心它是否会发生腐蚀(热力学可能性),更关心其腐蚀速度的大小(动力学问题)。腐蚀速度表示单位时间内金属腐蚀的程度。迄今为止,普遍应用的测定腐蚀速度方法仍然是经典的失重法。失重法的优点是准确可靠,但实验周期长、多组平行实验且操作麻烦,失重法不能满足快速测试的要求。电化学方法的优点是快速简便、有可能用于现场监控,因此,电化学方法测试金属腐蚀速度得到了人们的重视。

1905 年,Tafel(塔菲尔)提出了塔菲尔关系式,本实验采用 Tafel 曲线外推法测定其腐蚀速度。Tafel 曲线外推法的原理是基于对金属施加外电流,在腐蚀电解质溶液中进行线性扫描测试,然后从电极电势的变化情况推算出腐蚀速度 i_{corr}。测得的 i_{corr} 是瞬间腐蚀速度,常用的测量 i_{corr} 的电化学方法有 Tafel 曲线外延法、线性极化法、弱极化法等。电化学极化下金属腐蚀速度的计算公式为:

$$i_c = i_{corr}\left[\exp\left(\frac{\eta_c}{b_c}\right) - \exp\left(\frac{-2.3\eta_a}{b_a}\right)\right] \tag{3.3.1}$$

$$i_a = i_{corr}\left[\exp\left(\frac{2.3\eta_a}{b_a}\right) - \exp\left(\frac{-2.3\eta_c}{b_c}\right)\right] \tag{3.3.2}$$

公式中包括 3 个动力学参数 b_a、b_c、i_{corr},其中最让人感兴趣的是 i_{corr}。

当 $|\eta|$ 足够大(>120/n mV)时,式(3.3.1)和式(3.3.2)的后一项可忽略,则上述两式

可简化为:

$$\eta_c = -b_c \lg i_{corr} + b_c \lg i_c \qquad (3.3.3)$$

$$\eta_a = -b_a \lg i_{corr} + b_a \lg i_a \qquad (3.3.4)$$

即过电势与极化电流密度之间呈半对数关系,η 对 $\lg i$ 作图即得 Tafel 曲线,如图 3.3.1 所示。测定金属的 η-$\lg i$ 极化曲线,由 Tafel 直线的斜率可求得 b_a、b_c,将其外推到与 $\eta = 0$ 相交,交点对应的电流即为 i_{corr},或由阴阳极两条 Tafel 直线的交点得到 i_{corr}。

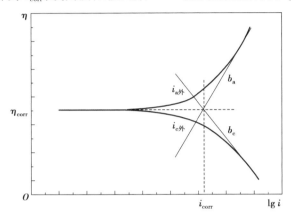

图 3.3.1   Tafel 曲线外推法求 i_{corr}

由图 3.3.1 可知,在强极化区电极电势偏离腐蚀电势,根据曲线可以测定 b_a、b_c、i_{corr},但缺点是强极化时电极电势偏离腐蚀电势较远,可能造成金属表面状态、溶液成分和腐蚀机理发生改变。因此,Tafel 曲线外推法大多用于测量酸溶液中金属腐蚀速度。Tafel 斜率与施加过电势大小、覆盖度参数密切相关。因此,在真正涉及实验和分析数据的时候,需要在一个较宽的过电势范围内测试多条 Tafel 曲线并得到 Tafel 斜率,这样才能更准确地判断哪一个基元反应为决速步。

本实验采用三电极测试体系,研究电极为 Zn 电极,辅助电极为碳棒,参比电极为饱和甘汞电极,在氯化铵溶液中对研究电极作线性慢电势扫描,测定锌的阴、阳极 Tafel 曲线,然后对电流作对数处理,即可得到研究电极的 Tafel 极化曲线,将阴极和阳极两线外延得到锌在此溶液中的 i_{corr}。

3.3.3   仪器和试剂

实验仪器:CHI660e 电化学工作站。

实验材料:Zn 电极、Mg 电极、碳棒、饱和甘汞电极、鲁金毛细管。

实验试剂:10% NH_4Cl、0.01 mol/L Na_3PO_4。

3.3.4   实验内容

①配制溶液:50 mL 10% NH_4Cl,50 mL 10% NH_4Cl+0.01 mol/L Na_3PO_4,将配好的溶

液倒入洗净的电解池。

②电极机械处理:分别用 180/400/800/1 000 粒度的砂纸打磨(湿磨)Zn 电极至光亮,量出电极表面积,自来水冲洗后先在无水乙醇中超声,再在蒸馏水中超声,最后在 5% HCl 溶液中浸泡 30 s,经蒸馏水冲洗后插入电解池中,连接三电极体系。

③电极电化学处理:测量前先将 Zn 电极电势恒定在 -1.2 V(vs. SCE)处 3 min,以除去表面可能有的氧化物,待研究电极稳定后再静置电势。

④测定开路电势:以金属电极为研究电极,以碳棒为辅助电极,以饱和甘汞电极为参比电极,装配好电解池,连接工作站和电解池,选择开路电势-时间方法,测定开路电势稳定为止,约 400 s。

⑤测定金属的 Tafel 曲线:测定金属电极在两种电解液中的 Tafel 曲线。电势扫描范围:$-1.4 \sim 0.7$ V;电势扫速:1 mV/s。

3.3.5　实验数据记录与处理

画出锌电极在两种电解液中的 Tafel 曲线,外延法计算出腐蚀电流密度、腐蚀电势,分析添加剂对锌电极耐腐蚀性能的影响。

3.3.6　思考题

①当极化过电势 $\eta < 10/n$ mV 时,η 与 i 关系如何? 并说明该原理能否用于腐蚀速度测量。

②为什么测定金属的腐蚀速度时电势扫描速度为慢扫描?

参考文献

[1] 张中正. 金属腐蚀电化学噪声测量法的研究与进展[J]. 中国金属通报,2021(9): 182-183.

[2] 何江. 六种金属材料在加氢系统水介质中的腐蚀与防腐研究[D]. 长沙:湖南大学,2015.

[3] 曹楚南. 腐蚀电化学原理[M]. 3 版. 北京:化学工业出版社,2008.

[4] 李荻,李松梅. 电化学原理[M]. 4 版. 北京:北京航空航天大学出版社,2021.

[5] 曾振欧,邹锦光,赵国鹏,等. 不同镀锌层的三价铬钝化膜耐蚀性能比较[J]. 电镀与涂饰,2007,26(1):7-9.

3.4 有机物特性吸附的微分电容测定

3.4.1 实验目的

①掌握有机物在固体电极上发生特性吸附的原理。
②掌握有机物在固体电极上吸附的微分电容测定方法。
③掌握微分电容曲线对有机物缓蚀效果的评价方法。

3.4.2 实验原理

电极界面的吸附现象对电极过程动力学有重要影响。如果表面活性粒子不参与电极反应，它们的吸附就会改变电极表面状态和双电层中的电势分布，从而影响反应粒子在电极表面的浓度和电极反应的活化能，使电极反应速度发生变化。如果表面活性粒子是反应物或反应产物，则会直接影响有关步骤的动力学规律。因此，我们可以通过界面吸附现象对电极的影响来控制电化学反应过程。

电极界面吸附包括静电吸附和特性吸附。表面活性粒子的吸附力属于特性吸附，特性吸附会使吸附面的界面张力下降。表面活性粒子可以是原子、分子、粒子。根据物质种类，电极界面吸附还包括无机离子吸附和有机物吸附。

①无机离子吸附：大多数无机阳离子不发生特性吸附，只有极少数水化能较小的阳离子会发生特征吸附，而除了 F^-，几乎所有无机阴离子或多或少都会发生特性吸附。

②有机物吸附：绝大部分能溶于水的有机分子在界面上都有不同程度的表面活性吸附。吸附类型分为阴离子型（各种有机磺酸盐和硫酸盐）、阳离子型（各种季铵盐）、非离子型（环氧乙烷、高级醇的缩合物）。我们可以利用有机物的吸附特性，通过表面吸附行为调控电极反应过程，如缓蚀剂、光亮剂、表面润滑剂等。

在金属的防腐领域，有机物抑制金属腐蚀主要通过有机物在金属电极表面的吸附作用使有机分子吸附在金属表面形成吸附膜来实现。有机缓蚀剂分子有独特的结构，含有 N、O、P、S 等杂原子或含有苯环、双键、三键等基团所组成的共轭体系，使这些结构中有丰富的电子，可以与提供电子的金属空轨道形成配位键，从而吸附于金属表面。

有机物的吸附行为和吸附程度极大地影响了其缓蚀作用。在众多影响因素中，电极电势对有机活性物质的吸附平衡常数有很大影响。在零电荷电势附近，有机活性分子吸附量最大，当电极电势偏离零电荷电势后吸附量会很快降低。因此，了解金属在介质中的零电荷电势、缓蚀剂的吸附电势区间和有机物的覆盖度，有利于发挥有机缓蚀剂对金属的缓蚀作用。这些参数可以通过微分电容曲线测定。

图 3.4.1 为有机物的微分电容曲线。微分电容曲线(C_d-E)的优点是不仅可以在液态金属电极上进行,而且可以在固体电极上进行。主要方法为交流阻抗法、计时电流法等。其中计时电流法是对计时电流曲线进行积分处理,可得到吸附界面双电层的充电电量 Q,再根据式(3.4.1)可计算得到吸附界面吸附双电层的微分电容:

$$C_d = \Delta Q / \Delta E \tag{3.4.1}$$

式中,ΔQ 是充电电量,ΔE 表示高低电势差值($\Delta E \leqslant 10$ mV)。分别在不同电势下计算其微分电容值得到微分电容曲线。

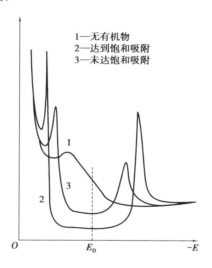

1—无有机物
2—达到饱和吸附
3—未达饱和吸附

图 3.4.1　有机物的微分电容曲线

根据微分电容曲线,通过式(3.4.2)和式(3.4.3)可以计算出所研究电势范围内各电势下有机物在金属表面的覆盖度和真实表面积。

$$\theta = (C_{d\theta=0} - C_{d\theta}) / (C_{d\theta=0} - C_{d\theta=1}) \tag{3.4.2}$$

式中,$C_{d\theta=0}$,$C_{d\theta}$,$C_{d\theta=1}$ 分别表示未加有机物的介质、添加了有机物的介质和有机物饱和介质的微分电容。覆盖度越大,缓蚀作用越明显($\eta = 100\ \theta$)。

$$S = C_d / C_N = C_d / 20 \tag{3.4.3}$$

式中,S 为真实表面积;C_N 为汞电极双电层电容值,汞电极的双电层电容值为 20 $\mu F/cm^2$;C_d 为某一电势下,添加有机物的介质中电极的微分电容。

3.4.3　仪器和试剂

实验仪器:电子天平、CHI660e 电化学工作站。

实验材料:工作电极(镁合金)、辅助电极(铂片)、参比电极(饱和甘汞电极)、砂纸(200#、400#、600#、800#、1 000#、1 200#)。

实验试剂:3.5% NaCl、3.5% NaCl+不同浓度的三乙醇胺、无水乙醇。

3.4.4 实验内容

①配制溶液:配制 3.5% NaCl、不同浓度三乙醇胺的 3.5% NaCl 溶液。

②工作电极处理:依次用粗砂纸到细砂纸打磨,超声清洗,吹干,备用。

③在 3.5% NaCl 和含三乙醇胺的 3.5% NaCl 两种溶液中测定微分电容曲线:分别测试开路电势至稳定。采用计时电流法(Chronoamperometry)的扫描初始电势为开路电势,高低电势与初始电势差值均为 10 mV,阶跃 10 次,脉冲宽度为 1 s。

初始电势(Init E):开路电势;

高电势(High E):最高电势;

低电势(Low E):最低电势;

初始阶跃极性(Initial Step Polarity):positive;

阶跃次数(Number of Steps):10;

脉冲宽度(Pulse Width):1 s;

静置时间(Quiet Time):30 s;

灵敏度:1×10^{-3}。

④测定不同浓度的三乙醇胺和一定浓度 NaCl 的微分电容曲线:方法如上。

3.4.5 实验数据记录与处理

①画出两种溶液中的微分电容曲线,读出开路电势、零电荷电势及其相应的微分电容值;分析在开路电势下,镁合金电极表面所带剩余电荷符号;指出有机缓蚀剂下的吸附电势区间值;分析加入三乙醇胺后微分电容值、零电荷电势变化的原因。

②画出不同浓度的三乙醇胺和一定浓度 NaCl 溶液的微分电容值-浓度曲线,判断三乙醇胺饱和吸附下的 C_d 值,计算在零电荷电势下三乙醇胺在镁合金表面的覆盖度、真实表面积和缓蚀效率。

3.4.6 思考题

①随着有机缓蚀剂浓度的增大,覆盖度和缓蚀效率会怎么变化?

②采用交流阻抗法如何测试微分电容曲线?

参考文献

[1] 李荻.电化学原理[M].3 版.北京:北京航空航天大学出版社,2008.

[2] 尚伟,何楚斌,温玉清,等.三乙醇胺对镁合金的缓蚀效果及其吸附行为研究[J].材料保护,2017,50(11):39-43.

[3] 刘晨希,邹泽萍,胡梅雪,等.电极/碱性聚电解质界面的微分电容曲线和零电荷电势测定[J].电化学(中英文),2024,30(3):27-36.

[4] 赵金凤,周尉. 微分电容法研究离子液体-二氯乙烷混合体系的电化学双电层结构[J].
　　复旦学报(自然科学版),2018,57(4):509-516.
[5] 杨靖. 微分电容法研究电极/离子液体:锂盐混合体系的电化学界面双电层结构[D].
　　上海:上海大学,2014.

3.5　方波伏安法测定废水中的有机醌

3.5.1　实验目的

①了解方波伏安法的基本原理。
②了解方波伏安法的基本操作及参数设定;扫描速度与峰电流的关系。
③掌握方波伏安法测定水样中蒽醌的实验技术与方法。

3.5.2　实验原理

在目前使用的电化学分析方法中,方波伏安法(Square Wave Voltammetry,SWV)用于测定有机分子的电子转移数,是一种灵敏度很高的检测方法。方波伏安法是一种大振幅的差分技术,应用于工作电极的激励信号,由对称方波和阶梯状电势叠加而成,如图 3.5.1 所示。在每一个方波周期内,对电流两次取样:一次是在前一个脉冲的结束,一次是在逆向脉冲的结束。因为方波的振幅很大,逆向脉冲会使前一个脉冲得到的产物,二次测量的电流差值对基础阶梯电势作图。它的优点在于能减少背景电流的影响,这是因为它的电容电流在经过充分衰减以后的特定时刻,采集到的电流主要是法拉第电流,再利用电子放大装置来提高它的灵敏度。图 3.5.1 为方波伏安法中电势与时间的关系。

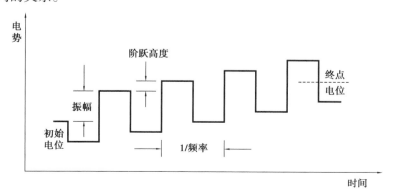

图 3.5.1　方波伏安法电势与时间关系

与其他脉冲伏安法相比,方波伏安法可以用更快的扫描速率,大大减少分析时间,在几十秒内就可以记录一个完整的伏安图。在 SWV 中,影响峰值电流(I_p)的主要参数是:方波频率(f)、脉冲振幅(ΔE_o)、扫描增幅(ΔE_s)。

在方波伏安法中,方波频率是最重要的参数,它是 SWV 法灵敏度的决定性因素。其余条件不变,不断改变 f 的大小,作出峰值电流(I_p)与频率(f)的线性关系图,对有机分子而言,遵循如下公式:

$$\frac{\Delta E_s}{\lg f} = \frac{2.3RT}{\alpha nF} \tag{3.5.1}$$

式中,f 为方波频率,α 是传递系数(一般取 0.5),n 是参与反应的电子数,其他参数具有常规意义。由式(3.5.1)可得水中醌的电化学反应电子数。

脉冲振幅(ΔE_o)也是影响峰值电流的重要参数,有以下公式:

$$I_p = (5+1) \times 10^2 q \Delta E_o n^2 Ff\alpha \Delta E_s \Gamma \tag{3.5.2}$$

式中,q 为电极面积($f = 5$ nm^2);ΔE_o 为脉冲振幅,mV;n 为电子转移数;F 为 96 500;f 为方波频率,Hz;α 为 0.5;ΔE_s 为扫描增幅,mV;Γ 为表面吸附量,mol/cm^2。

通过有关数据,可求出表面吸附量。在确定了最适实验参数后,可作出体系的标准曲线,进而定量测定水中的醌含量。

3.5.3　仪器和试剂

实验仪器:CHI660e 电化学工作站。

实验材料:玻碳电极 1 个(工作电极)、碳棒电极 1 个(辅助电极)、饱和甘汞电极 1 个(参比电极)、鲁金毛细管、1 000 mL 容量瓶 5 ~ 8 个、500 mL 容量瓶 2 个、50 mL 容量瓶 1 个、500 mL 烧杯 5 个、100 mL 烧杯 5 个、20 mL、10 mL、5 mL 移液管各 1 个、去离子水、吸耳球、滴管、标签纸、滤纸若干。

实验试剂:浓硫酸(500 mL)1 瓶、蒽醌(分子量 208.21)1 瓶、无水乙醇(500 mL)6 ~ 10 瓶。

3.5.4　实验内容

(1)溶液配制

配制 0.5 mol/L H$_2$SO$_4$ 溶液:取密度为 1.84 g/mL 的浓硫酸 26.652 mL 于 1 000 mL 容量瓶中,用去离子水稀释至刻度线,摇匀待用。

配制 1 : 1 HNO$_3$ 溶液:用移液管移取 25 mL 浓硝酸于 50 mL 容量瓶中,再用去离子水定容,摇匀待用。

配制蒽醌乙醇"母液":称取 0.208 2 g 蒽醌溶于无水乙醇中,再转移至 1 000 mL 容量瓶中,继续用无水乙醇定容至刻度线,摇匀,超声。

配制蒽醌乙醇溶液(pH = 1):0.005 mol/L、0.010 mol/L、0.025 mol/L、0.055 mol/L、0.070 mol/L。分别取母液 50 mL,100 mL,250 mL,550 mL,700 mL 于烧杯中,加大约 50 mL

乙醇并超声,在超声条件下缓慢加入大约 100 mL 0.5 mol/L H_2SO_4(控制 pH=1),最后转至 1 000 mL 容量瓶并用无水乙醇定容。

(2)玻碳电极的预处理

①机械处理:将玻碳电极在麂皮上用氧化铝粉打磨 10 min 左右至光亮成镜面,经去离子水多次冲洗,再用 3 种溶液分别超声 30 s(3 种溶液依次为蒸馏水、乙醇、HNO_3)。

②电化学活化:在 0.5 mol/L H_2SO_4 溶液中,以玻碳电极作为工作电极,饱和甘汞电极作为参比电极,碳棒作为辅助电极,进行电化学预处理,采用循环伏安法。

(3)方波伏安法测试

方波伏安法:以玻碳电极作为工作电极,饱和甘汞电极作为参比电极,碳棒作为辅助电极,选择"方波伏安法"进行参数设定:

初始电势:-0.4 V;

终止电势:0.1 V;

增幅:3 mV;

振幅:60 mV;

频率:10 Hz;

静置时间:0 s;

灵敏度:$1×10^{-4}$ A/V(视情况而定)。

a.最佳频率选定:其他条件不变,变化频率为 7、8、9、10、11 Hz,测量 0.010 mol/L 蒽醌乙醇溶液的方波伏安曲线,峰电流最大为最佳频率(参考:10 Hz)。

b.最佳振幅选定:其他条件不变,变化振幅为 30、40、50、60、70 mV,测量 0.010 mol/L 蒽醌乙醇溶液的方波伏安曲线,峰电流最大为最佳振幅(参考:60 mV)。

c.其他参数不变,设定选出的最佳频率、振幅,测定 0.005、0.025、0.055、0.070 mol/L 以及未知的蒽醌乙醇溶液的方波伏安曲线,作出标准曲线图。

d.在以上最佳参数条件下测定未知浓度的蒽醌乙醇溶液,从标准曲线图中得到其浓度。

3.5.5　实验数据记录与处理

①绘制扫描增幅与峰电流的关系图。

②绘制方波频率与峰电流的线性关系图,计算反应电子数。

③绘制脉冲振幅与峰电流的关系曲线图,选择线性部分计算出蒽醌对电极表面的吸附量。

④绘制标准曲线。

参考文献

[1] 胡会利,李宁.电化学测量[M].北京:化学工业出版社,2020.

[2] 李荻,李松梅.电化学原理[M].4 版.北京:北京航空航天大学出版社,2021.

[3] 孙世刚,等. 电化学测量原理和方法[M]. 厦门:厦门大学出版社,2021.

[4] LABORDA E,OLMOS J M,TORRALBA E,et al. Application of voltammetric techniques at microelectrodes to the study of the chemical stability of highly reactive species[J]. Analytical Chemistry,2015,87(3):1676-1684.

[5] ALEMU T,ZELALEM B,AMARE N. Voltammetric determination of ascorbic acid content in cabbage using anthraquinone modified carbon paste electrode[J]. Journal of Chemistry, 2022:7154170.

3.6   阳极溶出差分脉冲伏安法测定自来水中的微量锌

3.6.1   实验目的

①初步掌握电化学工作站的使用方法。

②掌握阳极溶出差分脉冲伏安法的基本原理。

③学习阳极溶出差分脉冲伏安法测定自来水中微量锌的方法。

3.6.2   实验原理

测量痕量金属的溶出分析是一种非常灵敏的电化学技术,它的灵敏性取决于有效预浓缩步骤和可产生的非常有用的信号——背景比值的先进测量程序的结合。因为金属被预先浓缩到电极上(100~1 000 倍),与溶液相伏安测量相比,检测极限被降低了 2~3 个数量级。因此,在浓度低于 $1×10^{-10}$ mol/L 的痕量金属检测应用较广,能够利用价格较低的设备同时检测 4~6 种金属。

溶出分析是一种两步技术,第一步是沉积步骤,是指溶液中金属离子的一小部分在汞电极上电解沉积或预先浓缩金属。第二步是溶出步骤(测量步骤),是指将沉积物溶解(溶出)。根据沉积物的属性和测量步骤,可以应用溶出分析的不同形式。

溶出分析法包括阳极溶出法、阴极溶出法和吸附溶出法,是一种将电化学富集与各种伏安测定法(如线性扫描伏安法、方波伏安法、交流伏安法、脉冲伏安法等)有机地结合在一起的方法。溶出分析法可在各种电化学工作站或极谱仪上进行。图 3.6.1 是阳极溶出差分脉冲伏安曲线。

溶出分析法的最大优点是灵敏度非常高,阳极溶出法检出限可达 10^{-12} mol/L,阴极溶出法检出限可达 10^{-9} mol/L。溶出分析法测定精度良好,能同时进行多组分测定,且不需要贵重仪器,是很有用的高灵敏分析方法。

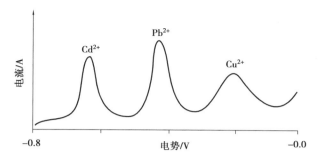

图 3.6.1 阳极溶出差分脉冲伏安曲线

为了降低伏安测量的检测极限,通过大幅度增加法拉第电流和非法拉第电流的比率,人们发展了脉冲伏安技术。这种技术可允许适度数值降至 10^{-8} mol/L 浓度水准。由于技术上的改进,现代脉冲技术已逐步取代了经典的直流极谱法。各种脉冲技术都以取样电流的电势阶跃(计时电流法)实验为基础。在工作电极上应用的电势阶跃序列,每个阶跃持续时间超过 50 ms。当电压阶跃后,充电电流就以指数形式很快衰减,而法拉第电流下降的速度慢得多。因此,通过取样脉冲后期的数据点就可以有效避开充电电流的影响。

各种脉冲伏安技术的区别在于激励的波形和电流取样范围。在常规脉冲伏安法和微分脉冲伏安法中,当使用滴汞电极 DME 时,在每一个汞滴上都可加一个电压脉冲(两种技术也都能用于固体电极),控制汞滴滴落的时间,调节脉冲周期与汞滴的滴落周期同步。在汞滴的生长末期,法拉第电流达到最大值,充电电流的影响最小。

在电化学中,虽然脉冲伏安法近年来也用于反应机理的研究,但主要还是用于分析领域,而且由于其极高的检测灵敏度多用于痕量分析。

脉冲伏安法分为断续极谱法、常规脉冲伏安法、方波伏安法以及差分脉冲伏安法。

差分脉冲伏安法是一种在有机和无机物的痕量水平测量中非常有用的技术,其以线性电势(或阶梯电势)和幅值固定的脉冲的加和为激励信号。其波形图如图 3.6.2 所示。

阳极溶出法首先将被测物质通过阴极还原富集在一个固定的微电极上,再由负向正改变电势实现阳极溶出,然后根据溶出极化曲线来进行分析测定。

富集是一个控制阴极电势的电解过程。电沉积的分数 x 与电沉积时间 t_x 的关系是:

$$t_x = Vd \lg(1-x)/0.43DA \tag{3.6.1}$$

式中,V 是溶液体积,d 是扩散层厚度,A 是电极面积,D 是扩散系数。增大电极面积,加快搅拌速度以减小扩散层厚度,可以缩短电积富集时间。电积分数与起始浓度无关。

富集效果可用富集因数 K 表示。富集因数是指被测物质电沉积到汞电极中的汞齐浓度 c_H 与被测物质在溶液中的原始浓度 c 之比。

$$K = c_H/c = V_x/V_H \tag{3.6.2}$$

式中,V_H 是汞电极体积,V_x 是沉积物体积。

用于电解富集的电极有悬汞电极、汞膜电极和固体电极。

①悬汞电极的面积不能过大,大的悬汞易脱落。用悬汞电极测定的灵敏度并不太高,但再现性好。

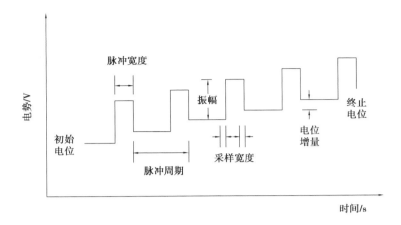

图 3.6.2　差分脉冲伏安法波形图

②汞膜电极面积大,同样的汞量做成厚度为 20 ~ 10 000 的汞膜,其电极表面积比悬汞大得多,电积效率高,而且搅拌速度可以加快,因此,溶出峰尖锐,分辨能力高,灵敏度比悬汞电极高出 1 ~ 2 个数量级。汞膜电极的缺点是再现性不如悬汞电极。现已成功应用的汞膜电极有玻璃汞膜电极。

③测定 Ag、Au、Hg 需用固体电极,Ag、Au、Pt、C(玻炭、石墨)等常用作固体电极。固体电极的缺点是电极面积与电积金属的活性可能发生连续变化,表面氧化层的形成可影响测定的再现性。

阳极溶出差分脉冲伏安法的极化曲线如图 3.6.2 所示。峰电势 E_p 与经典极谱波 $E_{1/2}$ 相对应,在实验条件一定时,峰电流 I_p 与 c_0 成正比。对于悬汞电极,峰电流为:

$$I_p = Kn^{2/3}D_0^{2/3}\omega^{1/2}\eta^{-1/6}D_R^{1/2}rv^{1/2}c_0t \tag{3.6.3}$$

式中,n 是参与电极反应的电子数,D_0 和 D_R 分别是被测物质在溶液和汞内的扩散系数,ω 为电解富集时的搅拌速度,η 是溶液的黏度,r 是悬汞半径,v 是扫描速度,t 是电解富集时间,c_0 是被测物质在溶液中的浓度。

对于汞膜电极,峰电流为:

$$I_p = Kn^2D_0^{2/3}\omega^{1/2}\eta^{-1/6}Avc_0t \tag{3.6.4}$$

式中,A 是汞膜电极表面积。

阴极溶出法常用银电极和汞电极。在正电势下,电极本身氧化溶解生成 Ag^+、Hg^{2+},它们与溶液中的微量阴离子如 Cl^-、Br^-、I^- 等生成难溶化合物薄膜聚附于电极表面,使阴离子得到富集。然后将电极电势向负方向移动,进行负电势扫描溶出,得到阴极溶出极化曲线。溶出峰对于不同阴离子的难溶盐是有特征的,峰电流正比于难溶盐的沉积量。阴极溶出法已用于测定 Cl^-、Br^-、I^-、S^{2-}、WO_4^{2-}、MoO_4^{2-}、VO_3^- 等。

本实验采用阳极溶出差分脉冲伏安法测定水中的 Zn^{2+},两个过程可表示为:

$$M^{2+}(Zn^{2+})+2e^- \longrightarrow M(Zn) \tag{3.6.5}$$

$$M(Zn)-2e^- \longrightarrow M^{2+}(Zn^{2+}) \tag{3.6.6}$$

本法以玻碳电极为工作电极,在被测物质所加电压下富集时,被测定物质在玻碳电极表面析出形成金属。然后在反向电势扫描时,被测物质"溶出",而产生"溶出"电流峰。在酸性介质中,当电极电势控制在 -1.4 V（vs. SCE）时,Zn^{2+} 富集在玻碳工作电极上形成金属锌。然后当阳极化扫描至 -0.5 V 时,可得到一个清晰的溶出电流峰。

3.6.3　仪器和试剂

实验仪器:CHI660e 电化学工作站(上海辰华)。

实验材料:玻碳工作电极、铂丝辅助电极和饱和甘汞参比电极组成三电极系统。6 个 50 mL 容量瓶,1 mL 移液管,50 mL 烧杯。

实验试剂:$ZnCl_2$,1.0×10 mol/L 锌离子标准储备溶液,1 mol/L 盐酸,1∶1 HNO_3。

3.6.4　实验内容

（1）配制不同浓度的 Zn^{2+} 溶液

准确移取 1.0×10 mol/L Zn^{2+} 标准溶液 0,0.20,0.40,0.60,0.80 mL 于 5 只 50 mL 容量瓶中,再分别加入 5 mL 1 mol/L HCl 溶液,用蒸馏水稀释到刻度线,摇匀待测。

（2）玻碳电极的预处理

将玻碳电极在麂皮上用氧化铝粉打磨 10 min 左右至光亮成镜面,经去离子水多次冲洗,再用 3 种溶液分别超声 30 s(3 种溶液依次为蒸馏水,乙醇,1∶1 HNO_3),用滤纸吸去附着在电极上的水珠。

在 0.5 mol/L H_2SO_4 溶液中,以玻碳电极作为工作电极,氯化银电极作为参比电极,碳棒作为辅助电极,进行电化学预处理,循环伏安法参数设定如表 3.6.1 所示。

表 3.6.1　循环伏安法参数设定

Parameters(English)	实验参数(中文)	参数值
Init E/V	起始电势/V	-1
High E/V	最高电势/V	1
Low E/V	最低电势 V	-1
Final E/V	终止电势/V	1
Initial Scan	初始扫描方向	负向
Scan Rate/(V·s^{-1})	扫描速度/(V·s^{-1})	0.15
Sweep Segments	扫描段数	20
Sample Interval/V	采样间隔/V	0.001
Quiet Time/s	静置时间/s	0
Sensitivity/(A·V^{-1})	灵敏度/(A·V^{-1})	10^{-5}

（3）阳极溶出差分脉冲伏安法测量

以玻碳电极为工作电极,以饱和甘汞电极为参比电极,依次将工作电极、辅助电极以及参比电极接好,打开 CHI660e 电化学工作站,选择"差分脉冲溶出伏安法",并按以下条件设定参数:

①电流-时间（沉积）曲线参数设置,如表 3.6.2 所示。

表 3.6.2　电流-时间（沉积）曲线参数

Parameters（English）	实验参数（中文）	参数值
Init E/V	起始电势/V	−1.4
Sample Interval/V	采样间隔/V	0.1
Quiet Time/s	静置时间/s	10
Sensitivity/（A·V^{-1}）	灵敏度/（A·V^{-1}）	10^{-4}
实验时间:600 s		

②差分脉冲伏安法（溶解）曲线参数设置,如表 3.6.3 所示。

表 3.6.3　差分脉冲伏安法（溶解）曲线参数

Parameters（English）	实验参数（中文）	参数值
Init E/V	起始电势/V	−1.4
Final E/V	终止电势/V	−0.5
Incr E/V	电势增量/V	0.005
Amplitude/V	脉冲幅度/V	0.05
Pulse Width/s	脉冲宽度/s	0.05
Sampling Width/s	采样宽度/s	0.016 7
Pulse Period/s	脉冲间隔/s	0.2
Quiet Time/s	静置时间/s	10
Sensitivity/（A·V^{-1}）	灵敏度/（A·V^{-1}）	10^{-4}

然后进行测量,保存阳极溶出曲线并分别测量峰高,重复测定 3 次取平均值。每次进行测量前都要打磨工作电极。

（4）自来水中锌的测量

在 50 mL 的容量瓶中加入 5 mL 1 mol/L HCl 溶液,接取自来水稀释到刻度线。按以上同样步骤测定水样,同样进行 3 次测定。

3.6.5　实验数据记录与处理

①列表记录所测定的实验结果。

②依据峰高与 Zn^{2+} 浓度的对应关系作 Zn^{2+} 标准曲线。

③根据自来水中 Zn^{2+} 浓度的峰高,从作出的标准曲线上读出自来水中 Zn^{2+} 的浓度。

3.6.6　思考题

①溶出差分脉冲伏安法有哪些特点?

②要得到精确的结果,哪几步实验操作应该严格控制?

参考文献

[1] 胡会利,李宁. 电化学测量[M]. 北京:化学工业出版社,2020.

[2] 李荻,李松梅. 电化学原理[M]. 4 版. 北京:北京航空航天大学出版社,2021.

[3] 刘云云,黄传鑫. 纳米铋电极结合阳极溶出伏安法检测水样中的镉[J]. 山东化工, 2022,51(2):99-102.

[4] LAI Z W,LIN F Y,HUANG Y P,et al. Automated determination of Cd^{2+} and Pb^{2+} in natural waters with sequential injection analysis device using differential pulse anodic stripping voltammetry[J]. Journal of Analysis and Testing,2021,5(1):60-68.

[5] DA CONCEIÇÃO E,BUFFON E,STRADIOTTO N R. Lead signal enhancement in anodic stripping voltammetry using graphene oxide and pectin as electrode modifying agents for biofuel analysis[J]. Fuel,2022,325:124906.

3.7　旋转圆盘电极测定电极反应动力学

3.7.1　实验目的

①掌握旋转圆盘电极和盘环电极的基本原理和操作过程。

②掌握氧还原反应的电催化评价方法。

③掌握测定多电子转移电极反应动力学参数和反应机理的方法。

3.7.2　实验原理

1)燃料电池阴极反应

空气电极中氧还原反应(Oxygen Reduction Reaction,ORR)是重要的电极反应。在燃料电池和金属/空气电池(亦称金属燃料电池)中,空气电极作为正极是控制和影响电池性能的主要瓶颈。空气电极中氧还原反应存在动力学迟缓和反应途径多样性两个问题,会导致正极上交换电流密度极小,过电势很高,引起电池难以大电流放电。为此,开发有高催化性能的新型 ORR 催化剂一直是电化学研究的热点课题。

在酸性(或中性、碱性)条件中,氧还原反应是复杂的过程。目前,归纳为直接 $4e^-$ 反应和 $2e^-$ 反应,如图 3.7.1 所示。在实际应用中,ORR 常常是 $2e^-$ 反应和 $4e^-$ 反应的混合反应。但是,$2e^-$ 途径容易形成 H_2O_2 中间体,降低 O_2 的电还原效率。高活性和高稳定性的电催化剂可以有效促进 $4e^-$ 反应。

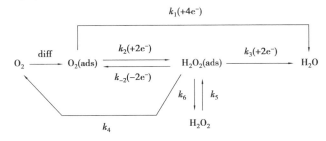

图 3.7.1　氧还原反应的反应途径图

氧还原的基本反应为:

酸性或中性:　　　　$O_2 + 4H^+ + 4e^- \longrightarrow 2H_2O$　（$E^{\ominus} = 1.23$ V）　　　(3.7.1)

碱性溶液:　　　　$O_2 + 2H_2O + 4e^- \longrightarrow 4OH^-$　（$E^{\ominus} = 0.40$ V）　　(3.7.2)

在酸性或中性溶液中,溶解 O_2 通过扩散过程到达电极表面,O_2 可能会直接还原为 H_2O,或生成中间态 H_2O_2,或中间态 H_2O_2 再还原为 H_2O,或中间态 H_2O_2 发生催化分解,其电化学反应过程:

$$O_2 + 2H^+ + 2e^- \longrightarrow H_2O_2（主要反应）　（E^{\ominus} = 0.67 \text{ V}）\quad (3.7.3)$$

$$H_2O_2 + 2H^+ + 2e^- \longrightarrow 2H_2O（次要反应）　（E^{\ominus} = 1.77 \text{ V}）\quad (3.7.4)$$

$$H_2O_2 \longrightarrow \frac{1}{2}O_2 + H_2O （催化分解）\quad (3.7.5)$$

在碱性溶液中,溶解 O_2 吸附到电极表面。与酸性条件下类似,ORR 中溶解氧可能会还原产生部分超氧离子 HO_2^- 中间态粒子,然后 HO_2^- 粒子继续还原为最终产物 OH^- 或发生催化分解反应,具体过程如下:

$$O_2 + H_2O + 2e^- \longrightarrow HO_2^- + OH^-（主要反应）　（E^{\ominus} = -0.07 \text{ V}）\quad (3.7.6)$$

$$HO_2^- + H_2O + 2e^- \longrightarrow 3OH^-（次要反应）　（E^{\ominus} = 0.87 \text{ V}）\quad (3.7.7)$$

$$HO_2^- \longrightarrow \frac{1}{2}O_2 + OH^-（歧化反应）\quad (3.7.8)$$

2) 旋转圆盘电极与旋转盘环电极

为了减小电极表面电流密度不均匀的影响,人们设计了特殊搅拌方式的电极,即旋转圆盘电极(Rotating Disk Electrode, RDE)和旋转盘环电极(Rotating Ring-Disk Electrode, RRDE)。根据对流扩散理论,常规电极表面的电流密度分布不均匀,会造成电极反应过程更复杂。旋转电极表面上各点扩散层厚度是均匀的,电流密度是均匀的。旋转盘环电极不仅可以研究扩散和电荷传递混合控制过程的动力学,而且可以检测出电极反应产物(特别是中间体存在形式与生成量)。通过控制转速来控制扩散步骤控制的电极过程速度,获得不同控制步骤的电极过程,便于研究无扩散影响的单纯电化学步骤。RDE 和 RRDE 在氧还原过程的研究中有广泛的应用。

(1)旋转圆盘电极

旋转圆盘电极的构造是将制成圆盘状的金属电极镶嵌在非金属绝缘支架上,由金属圆盘引出导线和外电源相接,这就构成了旋转圆盘电极(图3.7.2),转速由旋转体系调节和测量。旋转圆盘电极围绕垂直于圆盘中心轴迅速旋转时,与圆盘中心相接触的溶液被旋转离心力甩向圆盘边缘,溶液从圆盘中心的底部向上流动,对圆盘中心进行冲击,当溶液上升到与圆盘接近时,又被离心力甩向圆盘边缘。对流的冲击点 y_0 就是圆盘的中心点。

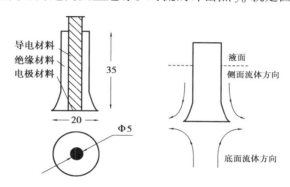

图 3.7.2　旋转圆盘电极的示意图

根据流体力学理论,扩散层厚度 $\delta(\text{cm})$ 的计算公式为:

$$\delta = 1.62 D_i^{\frac{1}{3}} \nu_k^{\frac{1}{6}} \omega^{-\frac{1}{2}} \qquad (3.7.9)$$

式中,ν 为液体的运动黏度,cm^2/s;ω 为圆盘电极的旋转角速度,rad/s(转速 n_r 的单位为 r/min,$n_r = \omega \times 60/2\pi$,$\omega = 2\pi n_r/60$)。

将式(3.7.1)分别代入理想稳态扩散动力学公式和极限扩散电流密度公式,可得到旋转圆盘电极的扩散电流密度 i:

$$i = 0.62 n_r F D_i^{\frac{2}{3}} \nu_k^{-\frac{1}{6}} \omega^{\frac{1}{2}} (c_i^0 - c_i^s) \qquad (3.7.10)$$

极限对流扩散电流 i_d:

$$i_d = 0.62 n_r F D_i^{\frac{2}{3}} \nu_k^{-\frac{1}{6}} \omega^{\frac{1}{2}} c_i^0 \qquad (3.7.11)$$

式中,D_i 为反应粒子的扩散系数,cm^2/s;i_d 为圆盘电极的极限扩散电流,A/cm^2;n 为参与电化学反应的电子数,无单位;F 为法拉第常数,取 96 485 C/mol;c_i^0 为反应物的本体浓度,mol/L;c_i^s 为反应物的界面浓度,mol/L。式(3.7.11)也称为 Levich 方程,说明 i_d 正比于 $\omega^{\frac{1}{2}} c_i^0$,定义比例常数(又称 Levich 常数)$B$:

$$B = 0.62 n_r F D_i^{\frac{2}{3}} \nu_k^{-\frac{1}{6}} \qquad (3.7.12)$$

对于传质与动力学混合控制区域,电流大小复合 Koutecky-Levich 方程为:

$$\frac{1}{|I|}=\frac{1}{|I_d|}+\frac{1}{|I_k|}=\frac{1}{BC_0\sqrt{\omega}}+\frac{1}{|I_k|} \tag{3.7.13}$$

式中,I 是电流密度测量值,I_k 是动力学电流密度,即无任何传质作用时的电流,I_d 是 Levich 电流,即极限扩散电流密度(mA/cm^2),C_0 是电解液中 O$_2$ 饱和浓度(0.1 mol/L KOH 水溶液中为 120×10^{-3} mol/L),ω 是工作电极旋转角速度,单位为 rad/s。

(2)旋转环盘电极

旋转环盘电极是旋转圆盘电极技术的发展,由盘电极和环电极组成(图 3.7.3)。两个电极之间的绝缘层厚度一般为 0.1~0.5 mm。从电学角度,盘电极和环电极是绝缘的,两电极的电势分别由双恒电势仪控制。当电极转动起来,从盘电极上流过溶液会再流过环电极。在环电极上,常见的实验为收集实验。旋转环盘电极可以定量分析氧还原反应的机理和可溶性中间产物。所有旋转圆盘电极的动力学关系都适用于盘电极。

氧还原反应中圆盘电极产生的中间体(如过氧化物 H$_2$O$_2$ 或 HO$_2^-$ 等)在电极旋转过程中扩散到圆盘外围的铂环上,在铂环上施加一个比圆盘高的电压值(1.2 V vs. Ag/AgCl),使到达环上的过氧化物迅速被氧化,进而产生环电流(图 3.7.3)。控制环电极电势使盘电极反应的中间产物或产物到达环电极时能发生电极反应且处于极限电流状态。利用盘电流与环电流值,计算过氧化物产率。这时,环电流 i_R 与盘电流 i_d 之比称为收集率(N),$N=i_R/i_d$。如果产物不稳定,收集率的测量值将会低于理论值。

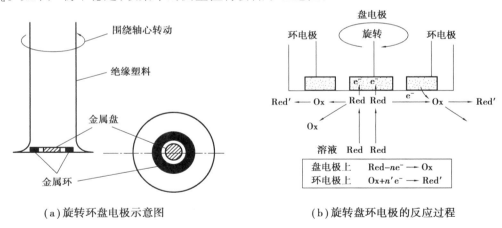

(a)旋转环盘电极示意图   (b)旋转盘环电极的反应过程

图 3.7.3   旋转环盘电极示意图

3)ORR 催化剂性能及机制

(1)催化剂活性评价

基于 RDE,采用线性电势扫描暂态法(LSV),获得起始氧还原电势(E_{onset})、半波电势 $E_{1/2}$、极限扩散电流 j_d,以评价催化剂 ORR 的电催化性能。对于 ORR 催化剂,E_{onset}、$E_{1/2}$ 越正代表催化剂对 ORR 电催化活性越高;极限扩散电流越大,ORR 反应传质效果越好。采用 i–t 方法对催化剂耐甲醇性能进行测试。

（2）电子转移数

①旋转圆盘电极法：在不同转速下测试稳态极化曲线，再根据 Koutecky-Levich（K-L）方程，计算每摩尔氧气分子发生还原反应时的转移电子数。对 $1/j \sim w^{-1/2}$ 作图，即可得 K-L 曲线，对 LSV 极化曲线进行 $Y = a + bX$ 线性拟合，可得到斜率 $1/B$ 和截距 $1/j_k$，再由斜率和截距可分别求出电子转移数 n 和氧还原反应动力学电流密度 j_k。

②旋转环盘电极法：控制环电极电势为某一固定值，测试圆盘的极化曲线。旋转环电极可以检测反应过程中是否有中间物 HO_2^-（或 H_2O_2）生成。不仅可以计算反应电子系数，而且可以定量计算中间体产率，评价氧还原的电催化效果，以及推测催化途径。

电子转移系数
$$n = \frac{4 \times |I_d|}{|I_d| + I_r/N} \tag{3.7.14}$$

中间体产率
$$HO_2^- \% = \frac{200 \times I_r/N}{|I_d| + I_r/N} \tag{3.7.15}$$

铂环收集率
$$N_c = I_R/I_d \tag{3.7.16}$$

在一定转速、一定盘电势下，I_d 是盘电流，I_r 是环电流，N_c 是铂环电流收集率。本实验中 RRDE 环电极收集系数 $N = 37\%$。

4）动力学参数

氧还原动力学电流密度为：

$$j_k = nFkC_b(1 - \theta_A) \exp\left(-\frac{\alpha EF}{RT}\right) \tag{3.7.17}$$

其中，k 为反应速率常数；θ_A 为反应量；α 为还原反应的传递系数；E 为电极电势；R 为摩尔气体常数；T 为温度。化简得：

$$E = \frac{RT}{2.3\alpha F} \lg i_0 - \frac{RT}{2.3\alpha F} \lg j_k \tag{3.7.18}$$

其中，i_0 为交换电流密度；j_k 为氧还原动力学电流密度。

本实验基于旋转圆盘电极（RDE），采用循环伏安法（CV）、线性扫描法（LSV）、计时电流法（i-t）评价商业化 Pt/C 电催化剂的电化学性能，为探索高效的电催化剂提供表征手段；采用 LSV 法，进行 K-L 方程拟合，计算氧还原的电子转移系数 n，推测反应途径；采用 Tafel 曲线，分析氧还原反应的基本动力学参数交换电流密度 i_0 和传递系数 α，阐述多电子转移电极反应的 Butler-Volmer 方程；基于旋转环盘电极（RRDE），捕获中间体产物，计算中间体产率、电子转移系数，分析反应过程，并与 RDE 法相比较。氧还原的电催化剂性能评价和反应机理分析方法还可应用于其他多电子转移电极反应的电化学研究。

3.7.3　仪器和试剂

实验仪器：电化学工作站（CHI760E）、旋转圆盘电极装置（PINE）、电热真空干燥箱（ZK-35BS）、超声清洗仪（KS-3000）、电子天平（FA2004B）。

实验材料：Ag/AgCl 电极（饱和氯化钾）、旋转圆盘电极（玻碳）（$\phi 5$ mm）、旋转环盘电极（$\phi5$ mm,0.247 5 cm^2）、辅助电极（铂丝）单通道微量移液器（10～100 μL）。

实验试剂：硝酸（HNO$_3$）（AR）、硫酸（H$_2$SO$_4$）（AR）、双氧水（H$_2$O$_2$,30%）（AR）、Nafion（5.0%）、乙醇（CH$_3$CH$_2$OH）（AR）、甲醇（CH$_3$OH）（AR）、抛光粉（≥99%）。

3.7.4　实验内容

1）溶液的配制

配制 0.1 mol/L KOH、5 mol/L CH$_3$OH、0.5% Nafion/异丙醇溶液、稀硝酸溶液、乙醇溶液。

2）电化学测试

采用标准三电极体系进行电化学测试，在室温下进行。以玻碳表面覆盖有催化剂的旋转圆盘电极为工作电极，以氧化汞电极为参比电极，以铂丝电极为对电极。

玻碳电极预处理：抛光粉抛光，经去离子水、稀硝酸溶液、乙醇溶液超声清洗，备用。

电极催化剂制备：将商业化 Pt/C 催化剂加入 5 mL 离心管中，然后加入 0.5% Nafion/异丙醇溶液，混合超声 30 min，分散均匀后采用微量移液器吸取催化剂墨水，滴加到旋转圆盘电极（$\phi5$ mm）表面，自然晾干待测，再滴加 Nafion/异丙醇溶液。催化剂的载量可通过调节称取催化剂的质量来实现。

3）评价催化剂的 ORR 电催化性能

RDE 上氧还原动力学规律：

（1）还原反应活性评价

①预处理：每种催化剂在电化学测试前，先通入 30 min 高纯氮气，排除电解液中的溶解氧。

②极化曲线测试：以玻碳表面覆盖有催化剂的旋转圆盘电极为工作电极，以氧化汞电极为参比电极，以铂丝电极为对电极，组装成三电极测试体系，测定不同转速下的 LSV 曲线。LSV 测试条件：在 O$_2$ 饱和、150 mL 的 0.1 mol/L KOH 溶液中进行，电势范围为-1.0～0.2 V（vs. Ag/AgCl），扫描速度为 10 mV/s，负向扫描，静置时间为 60 s，灵敏度为 1×10^{-4}（A/V）。记录相关电化学参数，填写表 3.7.1。

表 3.7.1　极化曲线测试电化学参数

转速/（r·min^{-1}）	起始电势（RHE）/V	半波电势/V	扩散极限电流/mA

③耐甲醇性能测试：耐甲醇性能采用恒电势法记录 $i\text{-}t$ 曲线评价。在 O$_2$ 饱和的 0.1 mol/L KOH 电解液中，在工作电极上施加一恒定电势-0.4 V（或-0.3 V）（vs. Ag/AgCl），旋转圆盘

电极转速为 1 600 r/min，测试时间为 1 000 s，在 400，700 s 时分别加入 0.5 mL 5 mol/L CH₃OH 溶液（或纯的 CH₃OH），记录 i-t 曲线，观察加入 CH₃OH 前后电流密度的变化，判断催化剂耐甲醇性能。

（2）ORR 电子转移系数

采用旋转圆盘电极，在 O₂ 饱和 0.1 mol/L KOH 中，在不同转速 400，625，900，1 225，1 600，2 025，2 500 r/min 下，测试 LSV 极化曲线。

（3）反应传递系数和交换电流密度

根据上述不同转速下 LSV 曲线的直线截距获得氧还原动力学电流，取对数后对电势作图得到氧还原反应的 Tafel 曲线。根据 Tafel 斜率求氧还原反应传递系数。根据截距求算氧还原反应的标准速率和交换电流密度。

3.7.5 实验数据记录与处理

（1）还原反应活性评价

画出 Pt/C 催化剂在 O₂ 饱和 KOH 下的 LSV 曲线，分析不同电势区间的动力学特征。画出 Pt/C 催化剂的耐甲醇性能测试图，判断 Pt/C 催化剂的耐甲醇性能。

（2）电子转移系数

画出 5 个转速下的 5 个 LSV 极化曲线；画出不同电势下的 $1/j \sim w^{-\frac{1}{2}}$ 图，即 K-L 曲线，计算电子转移数 n 和氧还原反应动力学电流密度 j_k；通过电子转移数，解析氧还原反应路径和氧还原反应，推测催化机理（注意需要体系达到稳态）。

（3）反应传递系数和交换电流密度

画出 Pt/C 催化剂在 O₂ 饱和 0.1 mol/L KOH 溶液中，1 600 r/min 转速下的 Tafel 曲线，计算不同电势区间的 Tafel 斜率、转换系数、交换电流密度，分析反应控制步骤。

（4）RRDE 下氧还原动力学规律

计算中间体 HO₂⁻ 的收集率、产率、ORR 电化学反应的电子转移系数。

3.7.6 思考题

①除了旋转圆盘电极和旋转环盘电极研究多电子转移反应，还有其他的电化学测量方法吗？

②测 CV 图时，如果发生溢流或电流密度突然下降有哪些原因，怎么解决？

③Ag/AgCl 参比电极适用于哪些体系，不适用于哪些体系？

参考文献

［1］李荻,李松梅.电化学原理［M］.4 版.北京:北京航空航天大学出版社,2021.

［2］王圣平.实验电化学［M］.武汉:中国地质大学出版社,2010.

［3］胡会利,李宁.电化学测量［M］.北京:化学工业出版社,2020.

[4] 贾志军,马洪运,吴旭冉,等.电化学基础(Ⅴ):电极过程动力学及电荷传递过程[J].储能科学与技术,2013,2(4):402-409.

[5] 马洪运,贾志军,吴旭冉,等.电化学基础(Ⅳ):电极过程动力学[J].储能科学与技术,2013,2(3):267-271.

3.8　电合成制备薄膜电极及电化学性能评价

3.8.1　实验目的

①掌握有机电合成的方法。

②掌握可充电池正极材料性能评价方法。

3.8.2　实验原理

(1)聚苯胺

聚苯胺(Polyaniline,PANI)是苯胺在一定条件下发生聚合生成的导电聚合物。导电聚合物是一类结构中具有大 π 键的聚合长链物,既具有金属和半导体物质的电子性能,又具有有机长链物质的机械性能。聚苯胺在电磁屏蔽材料、超级电容器、防腐、传感器、电极材料方面有着广泛应用,特别是二次电池方面备受关注。

聚苯胺中含有苯环、氨基、醌式结构和碳氮双键,即有氧化单元和还原单元,结构为:

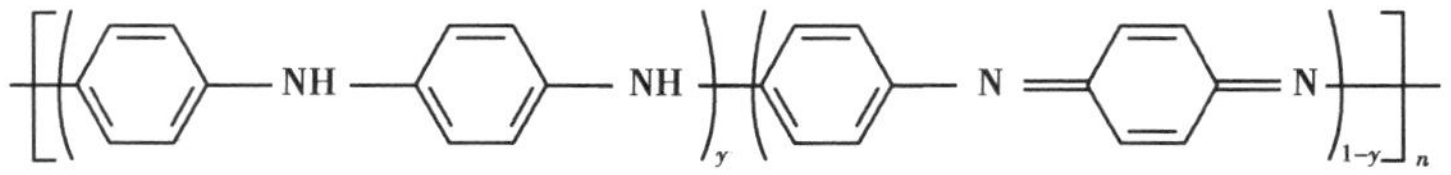

y 可以表示聚苯胺的氧化还原度,y 取 $0 \sim 1$。聚苯胺的结构、颜色、电导率会随着 y 值的改变而变化。

当 $y=0.5$ 时,聚苯胺分子为半氧化态和还原结构,即本征态,苯醌比为 $3:1$,聚苯胺结构式如下:

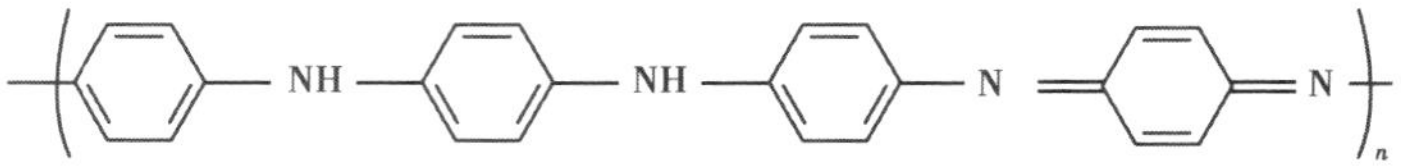

当 $y=0$ 时,聚苯胺分子只含有氧化单元,聚苯胺达到最高氧化态即全氧化态,苯醌式的聚苯胺结构式如下:

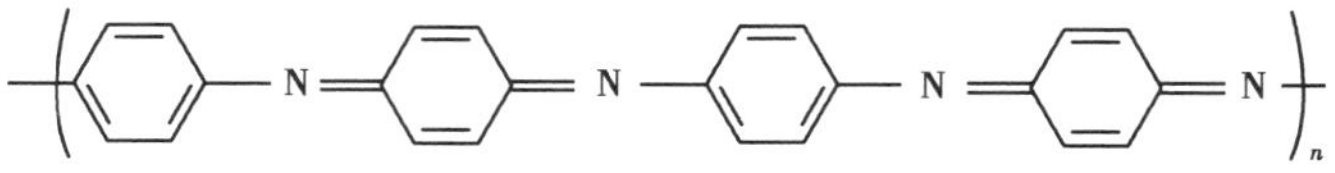

当 $y=1$ 时,聚苯胺分子为全还原态,聚苯胺分子只含有还原单元,聚苯胺达到最低还

原态即全还原态,全苯式的聚苯胺结构式如下:

$$\left[\!\!\left[\text{—} \bigcirc \text{—NH—} \bigcirc \text{—NH—} \bigcirc \text{—NH—} \bigcirc \text{—NH} \right]\!\!\right]_n$$

以上结构的聚苯胺为本征态。聚苯胺具有特有的氧化还原可逆性。

聚苯胺的制备方法主要有化学氧化法、电化学法、自组装和原位聚合法等。化学氧化法生产工艺简单,易进行大规模生产,但重现性差,不易制备出薄膜聚苯胺。聚苯胺的电合成以电极电势为聚合反应的引发和反应驱动力,在电极表面进行聚合反应并直接生成聚合物。有机电合成通过反应物在电极上得失电子,不需用其他试剂,减少成本,减少环境污染,产物的选择性高,副反应少,产率高。电化学法可以采用多种方法,如循环伏安法、动电势法、恒电流法、脉冲电流法和恒电势法。电化学法的特点是:①聚合和掺杂反应同时进行;②改变合成条件快速控制聚苯胺膜的氧化度和厚度;③电化学聚合所得产物无需后续分离步骤;④操作简单,重现性高;⑤生产成本高,不易大规模生产。电化学合成聚苯胺的主要影响因素有溶液的 pH 值、沉积基体材料、苯胺单体浓度、质子酸的种类和浓度、沉积时间等。图 3.8.1 所示是苯胺在 0.5 mol/L HCl 溶液中电聚合的循环伏安法。图中,CV 有 3 对可逆的氧化还原峰,峰 a 代表全还原态聚苯胺的生成,即苯-苯式,峰 a' 代表其对应的还原峰;峰 b 代表中间态聚苯胺的生成,即苯二胺和醌二亚胺结构的聚苯胺,峰 b' 为其相应的还原峰;峰 c 代表全氧化态聚苯胺的生成,峰 c' 为其对应的还原峰。随着苯胺聚合圈数增加,CV 的峰电流逐渐增加,这是因为聚苯胺对苯胺的聚合有催化作用,使得苯胺不断聚合到电极表面。

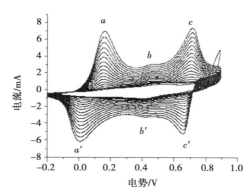

图 3.8.1　苯胺在 0.5 mol/L HCl 溶液中电聚合的循环伏安法

(2)锂-聚苯胺可充电池

锂-聚苯胺可充电池原理与传统锂电池有明显不同。传统锂电池常称为摇椅式电池,在充放电过程中,锂离子在正负极间发生反复移动,阴离子不会参加反应。对于传统锂离子电池,当充电时,正极发生脱锂反应,负极发生嵌锂反应;当放电时,正极发生嵌锂反应,负极发生脱锂反应。但是,对于锂-聚苯胺可充电池,在充放电过程中,锂离子和阴离子均参加反应,是掺杂过程与脱掺杂过程。充电时,电解液中阴离子向正极移动,与聚苯胺发生氧化掺杂反应而进入聚苯胺,失去一个电子,阴离子可以为 ClO_4^-、PF_6^- 等,这个过程与质子酸的掺杂过程相似(图 3.8.2),同时锂离子向负极运动并在锂负极表面还原析出,电子通过外电流从正极流入负极,放电状态是其逆过程。聚苯胺的放电电压为 $2.0 \sim 3.8\ V$,理论容量为 $145\ mA \cdot h/g$。

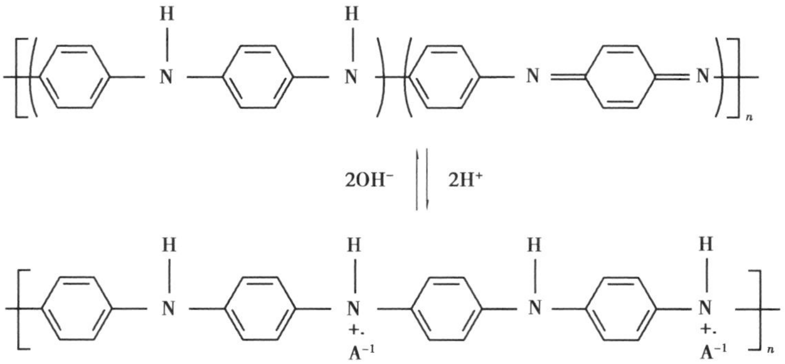

图 3.8.2   质子酸的掺杂过程

以 $Li/LiClO_4/PANI$ 电池为例,充电过程中:

负极:$Li^+ + e^- \longrightarrow Li$

正极:$PANi - e^- + ClO_4^- \longrightarrow PANi^+ ClO_4^-$

3.8.3   仪器和试剂

实验仪器:电化学工作站或充放电仪、玻碳电极或导电玻璃或不锈钢等。

实验试剂:$0.5\ mol/L\ H_2SO_4$、$0.1\ mol/L$ 苯胺$+0.5\ mol/L\ H_2SO_4$、$0.1\ mol/L$ 锂盐溶液。

3.8.4   实验内容

①在 $0.1\ mol/L$ 苯胺$+0.5\ mol/L\ H_2SO_4$ 溶液中,采用循环伏安法制备薄膜聚苯胺,观察薄膜聚苯胺的颜色。

②在 $0.1\ mol/L$ 锂盐溶液中,恒电流法进行薄膜聚苯胺的充放电测试。

3.8.5   实验数据记录与处理

①绘制薄膜聚苯胺的循环伏安图,指出有几对氧化还原峰,读出峰电流、峰电势及其对应的何种状态的聚苯胺,以及分析峰电流随循环次数增加的原因。

②绘制薄膜聚苯胺在锂盐中绘制充放电测试图,电压图-时间、电压图-比容量、比容量-循环次数,计算不同次数的放电比容量(比容量以 $\mu A/cm^2$ 为单位),计算库仑效率,分析循环性能。

3.8.6   思考题

①影响聚苯胺的循环伏安沉积的因素有哪些?

②影响正极材料聚苯胺的充放电容量大小及循环性能的因素有哪些?

参考文献

［1］郭炳坤,李新海,杨松青.化学电源［M］.长沙:中南大学出版社,2000.

［2］胡会利,李宁.电化学测量［M］.北京:化学工业出版社,2020.

［3］武克忠,王庆飞,马子川,等.循环伏安法电化学合成聚苯胺［J］.绍兴文理学院学报,2010,30(8):24-27.

［4］肖沅淞,吴学亮,王延敏,等.聚苯胺的应用及其机理研究进展［J］.胶体与聚合物,2021,39(4):181-184.

［5］胡胜,辛斌杰,刘煜璇,等.聚苯胺的合成及其应用［J］.合成纤维,2022,51(6):8-13.

［6］张清华,金惠芬,景遐斌.一种新型的导电聚合物:聚苯胺［J］.中国纺织大学学报,1998,24(3):114-117.

［7］高明磊,许登清,刘明国,等.有机电化学研究热点概述［J］.三峡大学学报(自然科学版),2012,34(2):96-98.

3.9　铂电极在硫酸溶液中的伏安特性研究

3.9.1　实验目的

①熟悉和掌握循环伏安测试技术及其原理。

②理解铂电极在硫酸溶液中的伏安特性及氢和氧的吸附过程。

③掌握利用氢吸附量测算铂电极真实表面积的方法。

3.9.2　实验原理

循环伏安法是在固定面积的工作电极和参比电极之间加上对称的三角波扫描电压,记录工作电极上得到的电流与施加电势的关系曲线,即循环伏安图。从伏安图的波形、氧化还原峰电流的数值及其比值、峰电势等可以判断电极反应机理。

与汞电极相比,物质在固体电极上伏安行为的重现性差,其原因与固体电极的表面状态直接有关。因此,了解固体电极表面处理的方法和衡量电极表面被净化的程度,以及测算电极真实表面积的方法是十分重要的。

铂是一种常用的电极材料,因为铂具有化学性质稳定、氢过电势小等特点,而且高纯度的铂容易得到,容易进行加工,因此,铂是实验室中不可缺少的电极材料。了解铂的伏安曲线特征,并求算其电极真实表面积,对巩固和提高电化学基础知识和实验技能有很大帮助。

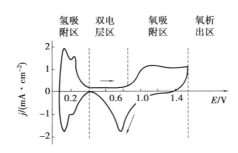

图 3.9.1　Pt 电极在硫酸溶液中的伏安曲线

图 3.9.1 所示为铂电极在一定浓度硫酸水溶液中的伏安曲线。从图中可以看出,这一电极体系的氢过电势很小,在阴极扫描中,氢气几乎在理论电势析出。氢气产生之前有两个峰,这是氢离子的吸附峰。氢气生成后,进行阳极极化时,可以观察到氢气的氧化峰。进行阴极扫描时,可以看到吸附的逆反应即相对应的脱附峰。吸附峰和脱附峰的大小随着电势扫描的速度改变。因为这种吸附是单层吸附,所以流过的电量是一定的。利用这一性质,可以求算铂电极的真实表面积,即可以通过硫酸溶液中 Pt 电极伏安曲线上氢原子吸附峰的电量算出铂电极的真实表面积。应用这种方法时应注意扣去双电层的充电电量(该电量一般按 120 $\mu C/cm^2$ 计算)。

另一方面,析出氧的电势要比理论值大得多,在氧析出之前生成了氧化膜(PtO、Pt_2O_2),即使是同样的 pH 值,若添加了不同的缓冲溶液,氧的析出电势也不同。

3.9.3　仪器和试剂

实验仪器:电化学综合测试系统,如 AUTOLAB PGSTAT30 电化学工作站或 CHI600 系列电化学工作站等。

实验材料:小面积铂片(工作电极),Hg/Hg_2SO_4 电极(参比电极),大面积铂片(对电极),0.5 mol/L 硫酸溶液(电解液)。

3.9.4　实验内容

①配制电解液(0.5 mol/L 硫酸溶液)。

②对作为工作电极的铂片进行适当的前处理,使其表面清洁、光滑。

③装配电化学池。电化学池为三电极体系:工作电极、参比电极、对电极和电解液。电化学池装配好后,将其接入测试系统。

④循环伏安曲线测量。仪器的操作可具体参见相应电化学工作站的使用说明。以下为由 CHI600 系列工作站测试伏安曲线时的参数设置:Init E(V)= −0.7,High E(V)= 0.8,Low E(V)= −0.7,Init P/N =P,Scan Rate(V/s)= 0.5,Segment =10,Sample Interval(V)= 0.001,Quiet Time(sec)= 2,Sensitivity(A/V)= 0.001;供实验过程中设置参数时参考。

3.9.5　实验数据记录与处理

①由测得的数据绘制铂电极在硫酸溶液中的伏安曲线,并在图中标出各电流峰所对应的电极过程。

②由循环伏安曲线上氢原子吸附峰的电量求算铂电极的真实表面积。

3.9.6　思考题

①如何对铂电极进行前处理?

②测算电极的真实表面积有何意义? 列举其他两种测算铂电极真实表面积的方法。

③常用的研究氢和氧吸附的方法有哪些?

参考文献

[1] 藤嶋昭等. 电化学测定方法[M]. 陈震,姚建年,译. 北京:北京大学出版社,1995.

[2] 贾梦秋,杨文胜. 应用电化学[M]. 北京:高等教育出版社,2004.

[3] 马玉林. 电化学综合实验[M]. 哈尔滨:哈尔滨工业大学出版社,2019.

[4] 李栋. 电化学实验[M]. 北京:冶金工业出版社,2020.

[5] 李荻,李松梅. 电化学原理[M]. 4 版. 北京:北京航空航天大学出版社,2021.

3.10　交流阻抗法分析碳钢在氯化钠溶液中的腐蚀行为

3.10.1　实验目的

①熟悉和掌握交流阻抗测试技术及其原理。

②掌握交流阻抗谱的 Nyquist 图和 Bode 图表达方式及意义。

③掌握一般电极过程的等效电路及简单金属腐蚀体系阻抗谱的解析方法。

3.10.2　实验原理

交流阻抗法是电化学测试技术中一类十分重要的方法,是研究电极过程动力学和表面现象的重要手段。它的基本原理是向待测体系施加一个小幅正弦波的电压或电流扰动,然后测定它的电流或电压响应。根据响应结果,推测电极体系的等效电路,并分析各个动力学过程的特点。

一般说来,可以使用多种不同的方式施加激励信号与测定响应。最常用的方法是单一频率激励并测量响应的方法。逐个地改变频率重复测量，就可以得到体系的阻抗与频率的关系。这就是通常所说的频率域测量。这一方法可以使用两种技术来实现，即锁相放大法与相关积分方法。另一种广泛使用的方法是时间域测量方法。如果可以把由计算机产生的多个不同频率的正弦波叠加而成的伪随机白噪声作为扰动信号施加到待测体系上，对其响应变换后就可以得到分立频率的阻抗。可以使用这种 FFT 变换的时间域测量技术来进行低频率测量。

目前有些商品化的阻抗测试系统可以在高频区使用单波形的锁相放大技术或相关方法，在低频区使用 FFT 变换技术来进行阻抗测量，这样可以发挥各自方法的优点而避免它的缺点，得到快速而高质量的测量结果。

本实验采用具有交流阻抗测试功能及 FRA 频率响应分析方法的电化学测试系统测定碳钢/NaCl 溶液(3.5%)电极体系阻抗，分析碳钢在 3.5 % NaCl 溶液中的腐蚀行为。

碳钢在 NaCl 溶液中的腐蚀过程可以视为一个简单的电极过程 $O+ne^- \longrightarrow R$，其电极过程的等效电路可用图 3.10.1 表示。图中 R_1、C_d 分别表示溶液电阻和双电层电容，R_r 代表电化学反应电阻。

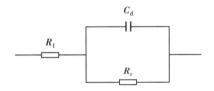

图 3.10.1　一般电极过程的等效电路

该等效电路在高频区的复数平面图(Nyquist 图)是一个圆心在 $[x = (R_1+1/2R_r)$；$y = 0]$ 处、半径为 $1/2R_r$ 的半圆，如图 3.10.2 所示。在 $\omega \to \infty$ 处，$x = R_1$，在 $\omega \to 0$ 处，$x = R_1 + R_r$，在半圆顶点，$C_d = 1/(\omega_B R_r)$，其中 ω_B 为半圆顶点处的频率。从复数平面图可以方便地求出简单电极反应等效电路的溶液电阻 R_1，电极反应电阻 R_r 和双电层电容 C_d。

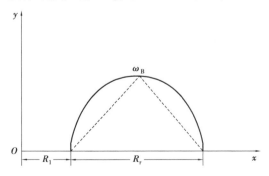

图 3.10.2　简单电极反应高频区阻抗复数平面图(Nyquist 图)

以阻抗模 $\lg |Z|$ 对频率 $\lg \omega$ 作图可得简单电极反应阻抗-频率图(Bode 图)，如图 3.10.3 所示。从图 3.10.3 可以看出，当 $\lg \omega \to \infty$ 时，$\lg |Z| \to \lg R_1$；当 $\lg \omega \to 0$ 时，$\lg |Z| \to \lg(R_1+R_r)$，由此可以得出 R_r、R_1，进而分析腐蚀过程的影响因素。

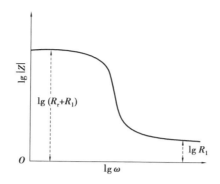

图 3.10.3　简单电极反应阻抗-频率图(Bode 图)

3.10.3　仪器和试剂

实验仪器:具有交流阻抗测试功能及 FRA 频率响应分析方法的电化学综合测试系统,如 AUTOLAB PGSTAT30 电化学工作站。

实验材料:碳钢(工作电极),Ag/AgCl 电极(参比电极),大面积铂片(对电极),3.5 % NaCl 溶液(电解液)。

3.10.4　实验内容

①工作电极的前处理。工作电极为普通碳钢,其工作表面用砂纸打磨至镜面光滑,然后用乙醇或丙酮除油,用蒸馏水洗净备用。

②装配电化学池。电化学池为三电极体系:工作电极、参比电极、对电极和电解液。电化学池装配好后,将其接入测试系统。

③阻抗测量。在开路电势下测量阻抗,测量频率范围为 0.01 ~ 100 000 Hz,交流幅值为 ± 5 mV。仪器的操作可具体参见 AUTOLAB PGSTAT30 电化学工作站使用说明。

3.10.5　实验数据记录与处理

①绘制碳钢在 3.5 % NaCl 溶液中的 Nyquist 图,解析得出对应等效电路中的溶液电阻 R_1、双电层电容 C_d 和电极反应电阻 R_r。

②绘制碳钢在 3.5 % NaCl 溶液中的 Bode 图,解析得出对应等效电路中的溶液电阻 R_1、双电层电容 C_d 和电极反应电阻 R_r。

3.10.6　思考题

①测量阻抗时为什么所加正弦波信号的幅度通常小于 10 mV？

②实际电化学体系的阻抗谱为什么 Nyquist 图往往得不到理想的半圆,Bode 图往往得不到低频区的平台段？

③实际电化学体系的阻抗谱解析为什么常常用到常相位角原件？

参考文献

[1] 雍兴跃,徐瑞芬,李焕文,等.碳钢电极在流动3.5% NaCl 溶液中的电化学行为[J].腐蚀科学与防护技术,1998,10(2):87-92.

[2] 贾梦秋,杨文胜.应用电化学[M].北京:高等教育出版社,2004.

[3] 曹楚南,张鉴清.电化学阻抗谱导论[M].北京:科学出版社,2016.

[4] 辛西娅·A.施罗尔,史蒂芬·M.科恩.实验电化学[M].张学元,王凤平,等译.北京:化学工业出版社,2020.

[5] 李荻,李松梅.电化学原理[M].4 版.北京:北京航空航天大学出版社,2021.

3.11   循环极化曲线法研究金属的耐点蚀性能

3.11.1   实验目的

①掌握有钝化性能金属在腐蚀介质中的击穿电势和保护电势的测定方法。

②理解击穿电势和保护电势的定义,并能应用其定义评价金属的耐点蚀性能。

③了解循环极化曲线法在腐蚀研究中的重要作用。

3.11.2   实验原理

不锈钢、铝等金属在某些腐蚀介质中,由于形成钝化膜而腐蚀速度大大降低,从而变成耐蚀金属。但是,钝态是金属在一定的电化学条件下形成(如在某些氧化性介质中)或破坏所形成(如在氯化物的溶液中)。在一定的电势条件下,钝态受到破坏,点蚀就产生了。因此,当把有钝化性能的金属进行阳极极化,使之达到某一电势时,电流突然上升,伴随着钝性被破坏,进而产生点蚀。在此电势以前,金属保持钝性,或者虽然产生腐蚀点,但又能很快地再钝化,这一电势叫作击穿电势 φ_b(或称临界点蚀电势),如图 3.11.1(a)所示。φ_b 常用于评价金属材料的点蚀倾向性。φ_b 越正,金属耐点蚀性能越好。一般而言,φ_b 会因溶液的组分、温度、金属的成分和表面状态以及电势扫描速度而变。在溶液组分、温度、金属的表面状态和扫描速度相同的条件下,φ_b 可以反映不同金属的耐点蚀能力。

图 3.11.1(b)为不锈钢在氯化物溶液中的典型循环极化曲线。当阳极极化到 φ_b 时,随着电势的继续增加,电流急剧增加,一般在电流密度增加到 $200 \sim 2\ 500\ \mu A/cm^2$ 时,就进行反方向极化(即往阴极极化方向回扫),电流密度相应下降,回扫曲线并不与正向曲线重合,直到回扫的电流密度又回到钝态电流密度值,此时所对应的电势为保护电势 φ_p。这样

整个极化曲线形成一个"滞后环",把 $\varphi\text{-}i$ 图分为 3 个区,A 为必然点蚀区,B 为可能点蚀区,C 为无点蚀区。因此,保护电势和滞后环面积参数也可辅助用于判断金属的耐点蚀性能。

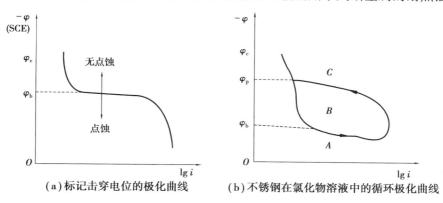

（a）标记击穿电位的极化曲线　（b）不锈钢在氯化物溶液中的循环极化曲线

图 3.11.1　金属的典型极化曲线

3.11.3　仪器和试剂

实验仪器:电化学综合测试系统,如 AUTOLAB PGSTAT30 电化学工作站或 CHI600 系列电化学工作站等。

实验材料:不锈钢和 2024 铝合金(工作电极),Ag/AgCl 电极(参比电极),大面积铂片(对电极),3.5% NaCl 溶液(电解液)。

3.11.4　实验内容

①工作电极的前处理。工作电极为不锈钢或 2024 铝合金,其工作表面用砂纸打磨至成镜面光滑,然后用乙醇或丙酮除油,用蒸馏水洗净备用。

②装配电化学池。电化学池为三电极体系:工作电极、参比电极、对电极和电解液。电化学池装配好后,将其接入测试系统。

③循环极化曲线测量。首先确定体系的自然腐蚀电势 E_{corr},然后测量循环极化曲线,参数设置如下:先正向扫描,Init E(V)应略负于 E_{corr},当电流密度增加到 350 μA/cm² 左右时,反方向扫描至起始电势,Scan Rate（V/s）= 0.001,Segment = 2,Quiet Time（s）= 0,Sensitivity（A/V）= 1×10⁻³。以上参数设置供实验过程中参考。

3.11.5　实验数据记录与处理

①绘制不锈钢和 2024 铝合金在 3.5% NaCl 溶液中的循环极化曲线,在曲线上标记 φ_b、φ_p 以及必然点蚀区、可能点蚀区和无点蚀区。

②比较不锈钢和 2024 铝合金的耐点蚀性能并说明理由。

3.11.6　思考题

①为什么金属在含 Cl⁻ 的介质中容易发生点蚀？
②应用击穿电势和保护电势比较不同金属的耐点蚀性能时需要注意什么？
③如何避免金属发生点蚀？

参考文献

[1] 李雪莹,范春华,吴钱林,等.酸性溶液中 Cl⁻ 含量和温度对 PH13-8Mo 腐蚀行为的影响[J].材料科学与工艺,2017,25(6):89-96.

[2] 贾梦秋,杨文胜.应用电化学[M].北京:高等教育出版社,2004.

[3] 辛西娅·A.施罗尔,史蒂芬·M.科恩.实验电化学[M].张学元,王凤平,等译.北京:化学工业出版社,2020.

[4] 李荻,李松梅.电化学原理[M].4 版.北京:北京航空航天大学出版社,2021.

[5] 高志恒.镁合金的腐蚀特性及防护技术[J].表面技术,2016,45(3):169-177.

3.12　Tafel 区外推法研究缓蚀剂及其作用机制

3.12.1　实验目的

①掌握利用极化曲线 Tafel 区外推法测定金属腐蚀速度的原理。
②掌握缓蚀剂的分类方法及其作用机制。
③掌握缓蚀效率的计算方法。

3.12.2　实验原理

图 3.12.1 所示为以自然腐蚀电势为起点的完整极化曲线,该极化曲线可以分为 3 个区,即:线性区——直线 AB 段;弱极化区——曲线 BC 段;Tafel 区(强极化区)——直线 CD 段。把 Tafel 区 CD 段(在 φ-lg i 图上)的切线外推与自然腐蚀电势 φ_c 的水平线相交于 O 点,此点对应的电流密度即为金属的自然腐蚀电流密度 i_c。这种利用极化曲线的 Tafel 区直线外推以求腐蚀速度的方法被称为极化曲线法或 Tafel 区外推法。根据法拉第定律,可以进一步把 i_c 换算为腐蚀质量或腐蚀深度。

　　Tafel 区外推法有一些局限性:它只适用于在 Tafel 区的电极过程服从于指数定律的腐蚀体系,如析氢型的腐蚀。对于浓差极化较大的体系、电阻较大的溶液在强烈极化时金属表面发生较大变化(如膜的生成或溶解)的情况就不适用。对于阳极极化曲线不易测准的体系,常常只由阴极极化曲线的 Tafel 区直线外推与 φ_c 的水平线相交求出 i_c。此外,在外推作图时也会引入较大误差。

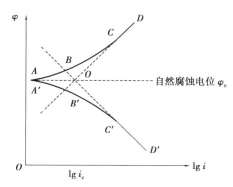

图 3.12.1　完整的极化曲线

Tafel 区外推法常用于评选缓蚀剂,这是基于缓蚀剂会阻滞腐蚀的电极过程,降低腐蚀速度,从而改变受阻滞的电极过程的极化曲线的走向。如图 3.12.2 所示,未加缓蚀剂时,阴极、阳极极化曲线相交于 S_0 点,腐蚀电流为 i_0,加缓蚀剂之后,阴极、阳极极化曲线相交于 S_1 点,腐蚀电流为 i_1,而 i_1 比 i_0 要小得多。可见缓蚀剂明显地减缓了腐蚀。根据缓蚀剂所阻滞的电极过程,可以把缓蚀剂分为阴极型、阳极型和混合型。

缓蚀剂的缓蚀效率可以根据腐蚀电流密度由下式计算得出:

$$\eta = (i_0 - i_1)/i_0 \times 100\% \tag{3.12.1}$$

式中,η 为缓蚀剂的缓蚀效率,%;i_0 为不加缓蚀剂时金属在介质中的腐蚀电流密度,$\mu A/cm^2$;i_1 为加缓蚀剂之后金属在介质中的腐蚀电流密度,$\mu A/cm^2$。

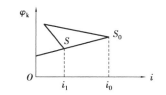

(a)缓蚀剂阻滞阴极过程(阴极型)

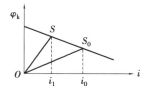

(b)缓蚀剂阻滞阳极过程(阳极型)

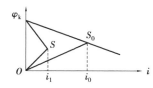

(c)缓蚀剂阻滞阳极过程(混合型)

图 3.12.2　缓蚀剂阻滞电极过程的极化曲线

本实验利用 Tafel 区外推法研究苯并三氮唑和硫脲对黄铜在 3.5 % NaCl 腐蚀介质中的缓蚀作用。

3.12.3   仪器和试剂

实验仪器:电化学综合测试系统,如 AUTOLAB PGSTAT30 电化学工作站或 CHI600 系列电化学工作站等。

实验材料:黄铜电极(工作电极),Ag/AgCl 电极(参比电极),大面积铂片(对电极),3.5% NaCl 溶液(测试介质 1),测试介质 1 中加入 0.02 g/L 苯并三氮唑(测试介质 2),测试介质 1 中加入 0.02 g/L 硫脲(测试介质 3),测试介质 1 中加入 0.01 g/L 苯并三氮唑和 0.01 g/L 硫脲(测试介质 4)。

3.12.4   实验内容

①工作电极的前处理。工作电极为纯铜电极,其工作表面用砂纸打磨至成镜面光滑,然后用乙醇或丙酮除油,用蒸馏水洗净备用。

②装配电化学池。电化学池为三电极体系:工作电极、参比电极、对电极和测试介质。电化学池装配好后,将其接入测试系统。

③极化曲线测量。首先确定体系的自然腐蚀电势 E_{corr},然后测量极化曲线,参数设置如下:Init E(V) = E_{corr} − 250 mV,Final E(V) = E_{corr} + 250 mV,Scan Rate(V/s) = 0.001,Segment = 1,Quiet Time(s) = 0,Sensitivity(A/V) = 1×10^{-6}。以上参数设置供实验过程中参考。

3.12.5   实验数据记录与处理

①绘制黄铜电极在测试介质 1、2、3、4 中的极化曲线,由 Tafel 区外推法得到黄铜在 4 种测试介质中的腐蚀电流密度。

②列表比较黄铜在 4 种测试介质中的自然腐蚀电势和腐蚀电流密度,计算苯并三氮唑、硫脲及二者共同作用时的缓蚀效率。

③分析苯并三氮唑和硫脲的缓蚀剂类型及缓蚀作用机制。

3.12.6   思考题

①为什么可以用自然腐蚀电流密度 i_c 代表金属的腐蚀速度? 如何由 i_c 换算出腐蚀质量与腐蚀深度?

②苯并三氮唑和硫脲对黄铜在 3.5% NaCl 溶液中的腐蚀是否具有协同缓蚀作用? 为什么?

③本实验方法影响测量结果的因素有哪些?

参考文献

[1] 向枫,吴道新,匡尹杰,等.PCB 酸性蚀刻液中不同缓蚀剂对铜蚀刻的影响及模拟计算

研究[J].表面技术,2021,50(5):281-288.

[2] 庄华建,王禅,何福峰,等.硫脲增强苯并三氮唑对 Cu 的防腐作用研究[J].腐蚀科学与防护技术,2019,31(6):576-582.

[3] 马玉林.电化学综合实验[M].哈尔滨:哈尔滨工业大学出版社,2019.

[4] 辛西娅·A.施罗尔,史蒂芬·M.科恩.实验电化学[M].张学元,王凤平,等译.北京:化学工业出版社,2020.

[5] 李荻,李松梅.电化学原理[M].4 版.北京:北京航空航天大学出版社,2021.

3.13　碱性锌锰电池的装配与性能测试

3.13.1　实验目的

①掌握碱性锌锰电池的基本原理和结构组成。
②了解碱性锌锰电池的制造工艺流程。
③掌握电池性能参数,并学会使用充放电测试仪测试电池性能。

3.13.2　实验原理

自 1868 年法国工程师乔治-勒克朗谢制成了历史上第一只以氯化铵为电解质的锌-二氧化锰电池以来,锌锰电池已经经历了一百多年的发展历史。由于锌锰电池使用方便,价格低廉,至今仍是一次电池中使用最广、产值和产量最大的一种电池。锌锰电池可以按电解液性质,分为中性(弱酸性)和碱性两大类。如按外形,中性锌锰电池可分为筒式、叠层式、薄形(纸)式 3 种;碱性锌锰电池有筒式、扣式、扁平式 3 种。下面介绍应用较为广泛的筒式电池的分类。

筒式电池分为 4 类:第一类为传统的勒克朗谢电池,由于其电解液是不流动的、含 NH_4Cl 和 $ZnCl_2$ 的糊状物,因此,又称为糊式锌锰电池或者干电池;第二类为纸板电池,电解液以 $ZnCl_2$ 为主;第三类为碱式锌锰电池,电解液为 KOH;第四类为无汞锌锰电池。随着人们环保意识的增强,无汞锌锰电池得到了较大的发展和应用。

碱性锌锰电池是 1882 年发明、1965 年开始生产的。电池正极是电解 MnO_2 粉,负极是锌粉,电解液为 KOH 水溶液。其电池性能优于传统的锌锰电池,放电容量大约是同类糊式电池的 5~7 倍,且可制成可充式电池。

电池表达式:

$$(-)Zn \mid KOH(饱和 ZnO) \mid MnO_2(+)$$

电极反应为:

负极：$\qquad\qquad$ $Zn+2OH^--2e^-\longrightarrow ZnO+H_2O$ $\qquad$ (3.13.1)

正极：$\qquad\qquad$ $2MnO_2+2H_2O+2e^-\longrightarrow 2MnOOH+2OH^-$ $\qquad$ (3.13.2)

总反应：$\qquad$ $Zn+2MnO_2+2H_2O\longrightarrow 2MnOOH+ZnO$ $\qquad$ (3.13.3)

其中正极 MnO_2 在碱性溶液中的放电分两步进行。第一电子放电步骤是一个涉及固相传质的均相反应过程,质子和电子在 MnO_2 晶格中移动使 MnO_2 逐步还原为 $MnOOH$。第二电子放电按"溶解-沉积机理"进行,是一个不完全可逆的过程。负极的放电行为在宏观上的顺序为:从靠近正极部位逐渐进行到负极集流体附近,这是多孔电极各部分放电时极化不同造成的。增大正负极对应面积可以大幅度提高碱性锌锰电池的放电性能,特别是大电流放电性能。

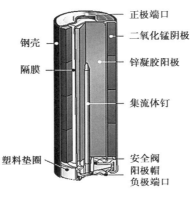

图 3.13.1   筒式碱性锌锰电池结构示意图

碱性锌锰电池通常为筒式结构,外壳与一般的勒克朗谢电池一样,但是内部结构却完全不同,图 3.13.1 为典型的筒式碱性锌锰电池结构示意图。它的筒体由不锈钢组成,只起导电容器作用。正极粉料压成圆环紧贴在筒体内壁,以保证形成良好的接触,钢筒的中间是压成圆柱的负极锌膏,其间插入阳极集流体。集流体与电池底片连接,而筒体和电池底片间有绝缘垫隔离。在正负极之间有环形耐碱棉纸做隔膜,钢筒与正极集流体铜帽连接,这与勒克朗谢电池的极性相同。

碱性锌锰的制造工艺主要包括:二氧化锰电极制备、锌电极制备、电解液配制、电池组装及其辅助工序等。锰环-锌膏式结构碱性锌锰电池制造工艺流程如图 3.13.2 所示。

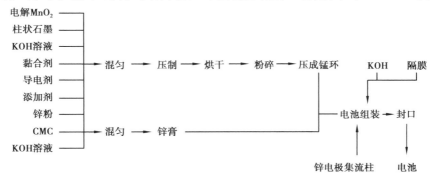

图 3.13.2   锰环-锌膏式结构碱性锌锰电池制造工艺流程图

衡量电池性能的主要指标包括电动势、电压(开路电压、工作电压)、容量(理论容量、实际容量、额定容量)、电池功率、理论比能量(质量比能量、体积比能量)、寿命(使用寿命、贮存寿命)、电池效率等。

电池放电时所规定的放电速度、放电温度和终止电压,通常称为放电制度。电池的放电速度常称为放电率,通常可用放电倍率表示。放电倍率是一种以放电电流强度在数值上等于该电池额定容量的倍数来表示放电速率的方法:$I = C_n / N$,式中 C_n 为电池容量额定值,N 为电池放电的小时数。在对电池性能进行测量的时候,通常采用的方法有连续、间歇性放电;此外,还有恒电阻、恒流或恒功率放电。

3.13.3　仪器和试剂

实验仪器:电池充放电测试系统。

实验材料:锰环、锌膏、KOH 溶液、隔膜、锌极集流柱、钢套。

3.13.4　实验内容

①按图 3.13.1 所示结构和图 3.14.2 流程装配电池。

②取装配好的电池在电池充放电测试系统中进行开路电压测试。

③将电池以恒电流(分别为 $I = 1\ 000$ mA 和 $I = 500$ mA)连续放电至终止电压为 0.9 V。

3.13.5　实验数据记录与处理

①绘制电池的放电曲线图。

②由图计算电池的真实放电容量。

3.13.6　思考题

①一般碱性锌锰电池的负极为什么要使用汞齐锌粉,作用是什么? 可否换为其他添加剂?

②影响碱性锌锰电池容量的因素有哪些?

③不同放电制度对电池的放电容量是否有影响?

参考文献

[1] 刘红召,曹耀华,高照国,等. 碱性锌锰电池正极放电性能的研究[J]. 电池工业,2007,12(6):393-396.

[2] 陈端云,李清湘,郑顺德. 添加剂在碱性锌锰电池锌粉中的应用[J]. 电池工业,2010,15(1):27-29.

[3] 陈宇,朱红华. 浅析碱性锌锰电池的技术革新[J]. 电池工业,2020,24(4):202-205.

[4] 程新群. 化学电源[M]. 2 版. 北京:化学工业出版社,2019.

［5］李荻,李松梅.电化学原理[M].4 版.北京:北京航空航天大学出版社,2021.

3.14 涂层的制备及性能表征

3.14.1 实验目的

①了解涂层的制备方法与原理。
②掌握基材除油、除锈、涂装操作以及涂层厚度、光泽、硬度等外观性能测试方法。
③了解电化学阻抗(EIS)测试涂层防腐性能的原理。

3.14.2 实验原理

(1)涂料的基本介绍

涂料的定义:涂料也就是常说的油漆及水性漆的总称,是指能涂布于物体表面,通过物理或化学变化形成一层坚韧、连续的薄膜并牢固地附着在物体表面的通用材料,形成的固体薄膜称为涂膜。

涂料具有防护作用、装饰作用、标志作用及其他特殊作用,如耐磨、润滑、阻尼、耐高温、阻燃、烧蚀、导电、吸波、防污等。

涂料产品的发展方向:水性化、高固含、无溶剂化、粉末化。

涂料制造工业发展方向:管道化、密闭化、连续化、自动化。

(2)涂料的组成

涂料主要由主成膜物质、次成膜物质和辅助成膜物质 3 部分构成,其中主成膜物质为油料、合成树脂等可形成连续膜层的物质,次成膜物质包括颜料、填料和增塑剂等赋予涂层颜色、厚度等基本性能的物质,主成膜物质和次成膜物质是涂料固体分的贡献者。辅助成膜物质包括各种溶剂及改变成膜性能的微量助剂,绝大部分在成膜过程中会挥发掉。

①主成膜物质可分为转化型和非转化型两大类,其中转化型涂料成膜物主要有干性油和半干性油,以及氨基树脂、聚氨酯树脂、醇酸树脂、热固型丙烯酸树脂、酚醛树脂等。非转化型涂料成膜物主要有氯化橡胶、沥青、改性松香树脂、热塑型丙烯酸树脂、乙酸乙烯树脂等。

②次成膜物质自身不能形成完整的涂膜,但能与主成膜物质一起参与成膜,赋予涂膜色彩或某种功能,也能改变涂膜的物理力学性能。

a.颜料是分散在漆料中的固体微粒,可以使涂料呈现出丰富的颜色,使涂料具有一定的遮盖力,并且具有增强涂膜机械性能和耐久性的作用。

b.填料也叫体质颜料,基本不具有遮盖力,主要起填充作用,增加涂膜的厚度和机械性能,可以降低涂料成本。常用的填料有滑石粉、碳酸钙、硫酸钡、二氧化硅等。

③辅助成膜物质包括溶剂、稀释剂和助剂,用于帮助涂料在制造、储存、施工过程中实现某一性能,具有专门作用。

a. 溶剂:除了少数无溶剂涂料和粉末涂料,溶剂是涂料不可缺少的组成部分。溶剂在涂料中所占比例大多在 50% 左右。溶剂的主要作用是溶解和稀释成膜物,使涂料在施工时易于形成比较完美的漆膜。溶剂在涂料施工结束后,一般挥发至大气中,很少残留在漆膜里。现代涂料行业正在努力减少溶剂的使用量。

b. 稀释剂:也是有机溶剂,但对涂料成膜物质的溶解性较弱,主要是降低涂料的黏度,仅在涂料施工前使用。

c. 助剂:又叫添加剂,为涂料提供所需的性质。其作用是对涂料或涂膜的某一特定方面的性能起改进作用。

（3）涂料的成膜机理

成膜机理有 3 种:

①缩合型涂料:醇酸涂料(烘烤型)、聚氨酯涂料、环氧涂料、氨基涂料等。

②氧化聚合型涂料:醇酸涂料。

③加聚聚合型涂料:不饱和树脂涂料、光固化涂料、电子束固化涂料。

（4）水性聚氨酯涂料

水性聚氨酯具有良好的物理与化学性能,它对金属和非金属材料表面具有优异的黏结性能。此外,水性聚氨酯中挥发性有机污染物(VOCs)含量低,且以水为主要溶剂,但涂膜性能基本可达到溶剂型体系水平,因此得到涂料行业的重视。

通常把双组分水性聚氨酯中的羟基组分称为 A 组分,多异氰酸酯基组分称为 B 组分。在涂布前将两种组分按一定比例混合均匀后涂于基材表面干燥后成膜。

当水性羟基分散体与多异氰酸酯粒子接触时,两者不在同一相内。搅拌后,水性羟基丙烯酸分散体的乳胶粒子与多异氰酸酯乳化后的乳胶粒子相互混合,最终分散在水中成为均相并进行反应,同时发生水和羟基与异氰酸酯的竞争反应,其中水和异氰酸酯的反应为副反应,其生成的 CO_2 在成膜前逸出,从而形成平整光滑的涂膜。双组分水性聚氨酯涂料成膜机理如图 3.14.1 所示。

（5）电化学阻抗谱(EIS)在涂层防腐测试中的电化学原理

用于腐蚀研究的电化学测试方法有极化曲线法、电势阶跃法、电流阶跃法、电化学阻抗谱和电化学噪声等。针对具有高欧姆阻抗的涂层防腐体系,电化学阻抗谱具有独特的优势。

EIS 技术仅需对涂层体系施加一个微小的正弦激励,几乎不会对涂层产生影响,从而实现同一样品的多次测量。能够跟踪监测腐蚀介质向涂层内渗透过程、基体金属腐蚀过程及涂层失效过程。通过数据处理获得涂层膜电阻和膜电容、腐蚀反应的电荷转移电阻和双电层电容等参数,用以了解涂层完整性与缺陷失效等信息。

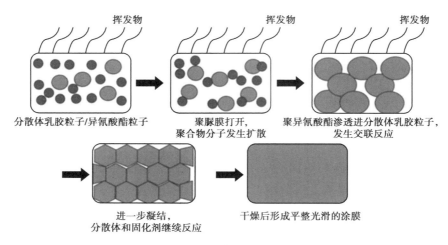

挥发物　　　　挥发物　　　　挥发物

分散体乳胶粒子/异氰酸酯粒子　　聚脲膜打开，　　聚异氰酸酯渗透进分散体乳胶粒子，
　　　　　　　　　　　　聚合物分子发生扩散　　　　发生交联反应

进一步凝结，　　　　干燥后形成平整光滑的涂膜
分散体和固化剂继续反应

图 3.14.1　双组分水性聚氨酯涂料成膜机理

依据涂层下的金属电极的阻抗谱特征，可以将涂层/金属基体在中性介质中（典型的是 3.5% 的 NaCl 溶液中的浸泡试验）的腐蚀过程划分为 3 个阶段。

第一阶段，腐蚀初期涂层的屏蔽性能较好，只存在一个时间常数，可采用等效电路 $R_\Omega(R_C C_C)$ 进行拟合（图 3.14.2）。腐蚀初期涂层体系相当于一个"纯电容"，求解涂层电阻 R_C 会有较大的误差，而涂层电容 C_C 可以较准确地估算。随着浸泡时间的延长，腐蚀介质不断向涂层内部即涂层/金属界面渗透，C_C 不断增大，R_C 逐渐减小。

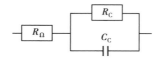

图 3.14.2　腐蚀初期涂层/金属体系的阻抗等效电路
R_Ω—溶液电阻；R_C—涂层电阻；C_C—涂层电容

第二阶段，阻抗谱图出现两个时间常数，涂层的阻抗行为与涂层的结构有关，如图 3.14.3 所示。若介质是通过涂层微孔或局部缺陷渗入，则可采用等效电路 $R_\Omega(C_C(R_{po}(C_d R_r)))$；如果腐蚀介质是均匀地渗入涂层体系且界面的腐蚀反应均匀分布，则采用 $R_\Omega(C_C R_C)(C_d R_r)$；如果涂层中含有大量的颜填料等添加物，有的涂层中还专门添加阻挡腐蚀介质渗入的片状物，此时介质的渗入较困难，参与界面腐蚀反应的反应离子（如溶解在水中的氧或 Cl⁻）的传质过程就可能是个慢步骤，EIS 中往往会出现扩散过程引起的阻抗，采用电路 $R_\Omega(C_C(R_{po} Z_w(C_d R_r)))$ 可以得到较好的拟合效果。在解析实际的阻抗数据时，扩散阻抗可以是半无限扩散 Z_w、有限层扩散 Z_O 或阻挡层扩散 Z_T 中的任何一种，或者在腐蚀过程中会先后出现不同类型的扩散过程，这取决于涂层的具体成分和结构。

第三阶段，到腐蚀后期，随着涂层中宏观孔或裂缝的形成，原本存在于涂层中的腐蚀介质浓度梯度消失，而在界面区因基底金属的腐蚀反应产生的腐蚀产物的堵塞引起新的浓度梯度层，则可采用等效电路 $R_\Omega(C_C(R_{po}(C_d(R_r Z_w))))$ 进行拟合，如图 3.14.4 所示。这里的扩散阻抗也可以是半无限扩散 Z_w、有限层扩散 Z_O 或阻挡层扩散 Z_T 中的任何一种，或者依次出现不同的扩散过程。

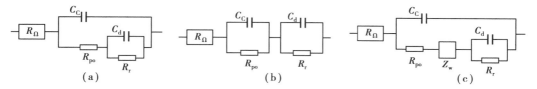

图 3.14.3　腐蚀中期涂层／金属体系的 EIS 等效电路

（a）介质通过涂层微孔或局部缺陷渗入；（b）介质均匀渗入涂层体系；（c）介质的扩散较慢

R_{po}—通过涂层微孔途径的电阻值；C_d—双电层电容；R_r—电荷转移电阻；Z_w—介质扩散阻抗

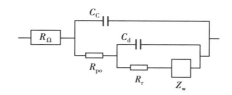

图 3.14.4　腐蚀后期涂层／金属体系的 EIS 等效电路

3.14.3　仪器和试剂

实验仪器：马口铁板（50 mm×120 mm／70 mm×150 mm），烧杯（250 mL），玻棒，砂纸，线棒涂布器，羊毛刷，电极体系（涂层／金属复合电极作工作电极，饱和甘汞电极作参比电极，铂片作对电极，工作电极暴露面积为 1 cm²），托盘天平，超声清洗仪（AFZ-1002-U），测厚仪，光泽度仪，铅笔硬度计、CHI660E 电化学工作站。

实验材料：市售双组分水性聚氨酯涂料（A、B 组分），乙醇，蒸馏水，3.5% NaCl 溶液。

3.14.4　实验内容

（1）涂膜的制备

以马口铁板为基材，采用 240 目、400 目砂纸依次逐级进行打磨以除去表面铁锈或镀锡层。用去离子水冲洗 2～3 遍后在乙醇中超声清洗 2～3 min 以进一步除去表面油污。

将水性聚氨酯 A、B 组分按照涂料使用说明分别称重后混合，并搅拌混合均匀。利用线棒涂布器或羊毛刷将混匀的涂料均匀地涂布在清洗后的马口铁板上，湿膜厚度控制在 100 μm 左右，尽量保持厚度均匀一致。放置 10 min 左右待其基本自然流平后，将样品置于 40～60 ℃电热鼓风干燥箱中干燥 30 min 后取出待用。

（2）涂膜厚度测试

在涂层表面选取 5～10 个点，所选取的点尽量在涂层表面均匀分布，以减小测量误差，然后用校准后的测厚仪进行测量，记录数据并计算相对误差。

（3）光泽度测试

在涂层表面选取 5 个点，所选取的点尽量在涂层表面均匀分布，以减小测量误差，然后用校准后的光泽度仪进行测量，记录数据并计算相对误差。

（4）铅笔硬度测试

一组符合《铅笔》（GB/T 26704—2022）的高级绘图铅笔，铅笔标号为 6H、5H、4H、3H、2H、H、F、HB、B、2B、3B、4B、5B、6B，其中 6H 最硬，6H 到 6B 硬度依次递减（推荐使用中华牌高级绘图铅笔）。用铅笔刀将铅笔削至 4～6 cm 柱形笔芯，握住铅笔使其与 400 目砂纸面垂直，在砂纸上磨划，直至获得端面平整、边缘锐利的笔端为止，铅笔使用一次后要旋转180°再用或者重磨后使用。

将磨好的铅笔装入仪器具内，将试样待测面朝上固定在试样台上，调节水平砝码使铅笔对试样面负荷为零，然后加上（1±0.05）kg 砝码。让试样与铅笔反向移动 3 mm，移动速度约为 0.5 mm/s。转动铅笔使无损伤的笔芯边缘接触涂层，始终保证铅笔与被测表面形成 45°夹角，推动仪器运动。从最硬的铅笔开始，每级铅笔犁五道 3 mm 长的痕迹，直至找出都不犁伤涂膜的铅笔为止，此铅笔的硬度即代表所测涂膜的硬度。变换实验位置，每个样品至少测试 3 次。

（5）开路电势测试

打开电化学工作站软件，组装好三电极体系，选择"开路电势"测试，设置记录时间为10 min，记录数据间隔为 1 s，开始记录实验数据，等到数据显示平稳后，此时的电势近似等于开路电势。

（6）电化学阻抗测试

以开路电势为初始电势进行电化学阻抗测试，电解液为 3.5% 的 NaCl 溶液。起始频率为 $1×10^5$ Hz，终止频率为 $1×10^{-2}$ Hz，正弦波激励信号幅值为 5～50 mV，测试前将待测样浸泡 20 min，待开路电势基本稳定后进行测试。得到的数据使用 Zview 作图处理。

3.14.5　实验数据记录与处理

表 3.14.1　涂膜厚度测试

编号	厚度/mm	平均值/mm	相对误差/%
1			
2			
3			
4			
5			

表 3.14.2　光泽度测试

编号	厚度/mm	平均值/mm	相对误差/%
1			
2			

续表

编号	厚度/mm	平均值/mm	相对误差/%
3			
4			
5			

表 3.14.3　铅笔硬度测试

编号	1	2	3	4	5
硬度					

3.14.6　思考题

①固体含量对涂装有何意义？

②影响漆膜附着力的基材表面状态因素有哪些？

③水性涂料有哪几种类型？它们的特性与应用如何？

参考文献

［1］LIU J J, QU S X, SUO Z G, et al. Functional hydrogel coatings［J］. National Science Review, 2021, 8(2):146-164.

［2］MONTEMOR M F. Functional and smart coatings for corrosion protection: A review of recent advances［J］. Surface and Coatings Technology, 2014, 258:17-37.

［3］曹楚南, 张鉴清. 电化学阻抗谱导论［M］. 北京:科学出版社, 2002.

［4］刘登良. 涂料工艺［M］. 4 版. 北京:化学工业出版社, 2010.

［5］张心亚, 魏霞, 陈焕钦. 水性涂料的最新研究进展［J］. 涂料工业, 2009, 39(12):17-23.

3.15　水系 $Zn\text{-}MnO_2$ 二次电池的制备与充放电性能研究

3.15.1　实验目的

①学习水系 $Zn\text{-}MnO_2$ 二次电池的结构组成以及纽扣电池的制备方法。

②学习循环伏安法和恒流充放电法在电池研究中的应用。

3.15.2　实验原理

锌锰电池是以锌（Zn）为负极、二氧化锰（MnO_2）为正极的电池。由于锌锰电池原材料丰富、结构简单、成本低廉、携带方便，因此，自其诞生一百多年来一直是人们日常生活中经常使用的小型电源。相比使用各种有机电解液的锂电池和钠电池，水系锌锰电池的高安全性使得其在大型能源存储领域更受人们的青睐。

水系 Zn-MnO_2 电池主要由正极（二氧化锰）、负极（锌）、电解液、隔膜等部分组装而成，如图 3.15.1 所示，其储存机制基于 Zn^{2+} 在二氧化锰晶格中嵌入和脱出以及负极金属锌沉积与溶解。反应式如下：

$$正极：\qquad Zn^{2+}+2MnO_2+2e^-\Longleftrightarrow ZnMn_2O_4 \qquad (3.15.1)$$

$$负极：\qquad Zn\Longleftrightarrow Zn^{2+}+2e^- \qquad (3.15.2)$$

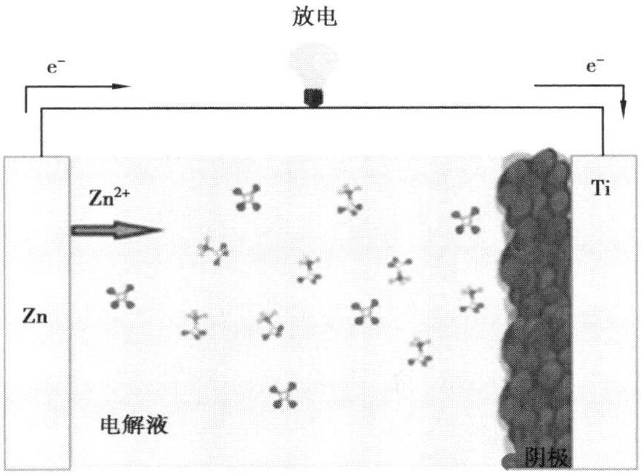

图 3.15.1　Zn-MnO_2 电池的工作原理示意图

循环伏安法是最重要的电分析化学研究方法之一。对于一个新的电化学体系，首选的研究方法往往就是循环伏安法，可称之为"电化学的谱图"。它主要用于电极反应的机理研究而非定量分析。循环伏安法可以分析电池的充放电性能表征、反应可逆性、循环充放电稳定性等。根据循环伏安图可以判断电极反应的可逆程度，中间体形成的可能性、相界吸附以及偶联化学反应的性质等。可用来测量电极反应参数，判断其控制步骤和反应机理。水系 Zn-MnO_2 电池循环伏安图如图 3.15.2 所示。

恒电流充放电法（又称计时电势法）是研究电池电化学性能中非常重要的方法之一。它的基本工作原理是：在恒流条件下对被测电池进行充放电操作，记录其电势随时间的变化规律，进而研究电池的充放电性能，计算其实际的比容量。在恒电流条件下的充放电实验过程中，控制电流的电化学响应信号，施加电流为控制信号，电势则是测量的响应信号，主要研究电势随时间变化的规律。

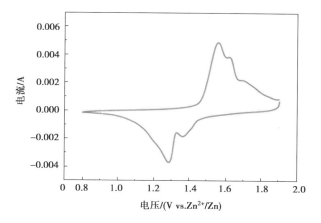

图 3.15.2 水系 $Zn\text{-}MnO_2$ 电池循环伏安图

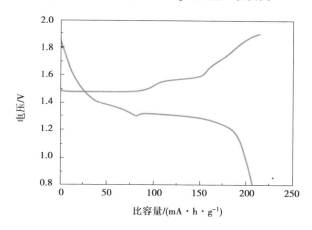

图 3.15.3 水系 $Zn\text{-}MnO_2$ 电池恒流充放电图

3.15.3 仪器和试剂

实验仪器:工业级二氧化锰、导电碳黑、聚四氟乙烯(PTFE)乳液(60%)、不锈钢片、硫酸锌、硫酸锰、去离子水、纽扣电池(cr2032)组件、锌箔、玻璃纤维隔膜。CHI660e 电化学工作站、计算机、电池测试系统、手动液压封口机、切片机、烧杯(50 mL,100 mL,若干)、容量瓶(100 mL)、量筒(50 mL)、电子天平(0.000 1 g)、玻璃棒、移液枪、移液枪头、胶头滴管、油压压片机、研钵、钢勺、镊子。

3.15.4 实验内容

(1)电解液的配制

水系 $Zn\text{-}MnO_2$ 电池的电解液由 2 mol/L 硫酸锌、0.1 mol/L 硫酸锰组成。用电子天平分别称取 57.516 g 硫酸锌、1.690 g 硫酸锰,置于烧杯中后加入适量的去离子水溶解,之后转移至 100 mL 容量瓶中用去离子水定容到 100 mL。

（2）聚四氟乙烯（PTFE）黏结剂的配制

用移液管量取 60% PTFE 乳液 20.00 mL，转移至 100 mL 容量瓶中，用去离子水定容到 100 mL，进行 5 倍稀释制得电池电极黏结剂溶液。

（3）称量 1 滴黏结剂的质量

用切片机切出约 1 cm² 的不锈钢片，用电子天平准确称量空白不锈钢片的质量 m_1，然后在空白不锈钢片滴上 1 滴配制好的 PTFE 黏结剂，置于 60 ℃ 烘箱中烘干，再称量质量为 m_2，$m_2 - m_1$ 为 1 滴黏结剂的质量 m_0，即 $m_0 = m_2 - m_1$。

（4）MnO₂ 电极（正极）的制备

用切片机切出约 1 cm² 的不锈钢片，用电子天平准确称量空白不锈钢片的质量 m_{a1}。准确称取二氧化锰 80 mg、导电碳黑 10 mg、PTFE 黏结剂 10 mg（8∶1∶1），加入适量的去离子水研磨成混合均匀的黏稠浆料。用胶头滴管吸取适量浆料滴在不锈钢片上（1~2 滴），置于鼓风干燥箱中 60 ℃ 干燥 0.5 h 后称重，质量为 m_{a2}，计算得电极材料实际附着质量为 $m_{a0} = (m_{a2} - m_{a1}) \times 80\%$。

（5）隔膜以及负极的制备

使用切片机将玻璃纤维隔膜以及锌箔切出合适大小。

（6）纽扣式电池的组装

将制备好的二氧化锰电极片、玻璃纤维隔膜、锌箔按照图 3.15.4 所示方式进行组装，用移液枪向隔膜中滴加 180 μL 电解液，最后使用手动液压封口机对纽扣式电池进行封装。

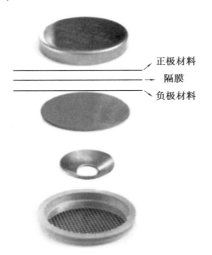

正极材料
隔膜
负极材料

图 3.15.4　纽扣式电池组装示意图

（7）循环伏安法测定水系 Zn-MnO₂ 电池的电化学性能

将纽扣电池接入 CHI660e 电化学工作站，打开电化学工作站及相应计算机软件，连接好电路，测量并记录开路电压数值，设定起始电压为开路电压值、电压窗口为 0.8~1.9 V，扫描速率为 5 mV/s，扫描次数为 5，初始扫描方向为负扫，进行循环伏安扫描，记录循环伏安图。

(8)恒流充放电法测定水系 $Zn-MnO_2$ 电池的电化学性能

将纽扣电池接入电池测试系统,打开相应计算机软件,连接好电路,设定模式为先放电后充电,电流大小设置为 $0.1(mA/mg) \times m_{a0}(mg)$、电压窗口为 $0.8 \sim 1.9 V$,循环圈数为 5,活性物质质量 $m_{a0}(mg)$,进行恒流充放电测试,记录恒流充放电图。

3.15.5　实验数据记录与处理

(1)循环伏安测试

记录扫描速率,从工作站中导出循环伏安数据,选取第 2、第 3 次扫描数据作图,绘制循环伏安图。

(2)恒流充放电测试

记录电流密度、活性物质负载量,从计算机中导出恒流充放电数据,选取一个充放电循环数据作图,绘制恒流充放电图。

3.15.6　思考题

①如果制备后的 $Zn-MnO_2$ 纽扣电池的开路电压为 0 V,可能是什么原因？ 如何避免这种情况？

②恒流充放电图的两段曲线分别代表什么？ $Zn-MnO_2$ 电池在这两段曲线中存在怎样的储能机制？

③除了循环伏安法和恒流充放电法,还有哪些最常用的测试手段可以表征 $Zn-MnO_2$ 电池的电化学性能？

参考文献

[1] 程新群. 化学电源[M]. 2 版. 北京:化学工业出版社,2019.

[2] 胡会利,李宁. 电化学测量[M]. 北京:化学工业出版社,2020.

[3] LIU L Y,WU Y C,HUANG L,et al. Alkali ions pre-intercalated layered MnO_2 nanosheet for zinc-ions storage[J]. Advanced Energy Materials,2021,11(31):2101287.

[4] MOON H,HA K H,PARK Y,et al. Direct proof of the reversible dissolution/deposition of Mn^{2+}/Mn^{4+} for mild-acid $Zn-MnO_2$ batteries with porous carbon interlayers[J]. Advanced Science,2021,8(6):2003714.

[5] ZHANG A Q,ZHAO R,WANG Y H,et al. Hybrid superlattice-triggered selective proton grotthuss intercalation in $\delta-MnO_2$ for high-performance zinc-ion battery[J]. Angewandte Chemie International Edition,2023,62(51):2313163.

第4章　延伸阅读

4.1　镁合金上的化学镀镍

镁合金是第三大金属工程材料,具有比强度高、密度低、导电导热性能好等优点,在汽车工业、航天航空、电池等领域有广泛应用。但是,镁金属化学活性高,表面易钝化、易腐蚀,镁合金的腐蚀问题限制了其更广泛的实际应用。因此,人们一直致力于采用各种方法,如化学镀镍、阳极氧化膜、微弧氧化膜、化学转化膜等对镁合金进行表面处理。其中,化学镀镍方法是表面处理法中发展最快的一种,在提高耐腐蚀性、硬度、磁性、均匀性和装饰性等方面均表现出突出性。化学镀镍主要有化学镀镍-磷和化学镀镍-硼两类。其中,化学镀镍-磷合金镀层成了提高镁合金耐蚀性的主要方法,有耐蚀性和耐磨性好、节能、设备投资低、工件尺寸和形状不受限制、环保特点。镁合金化学镀镍工艺过程主要涉及镀前处理、施镀工艺、镀后处理过程,如图4.1.1所示。

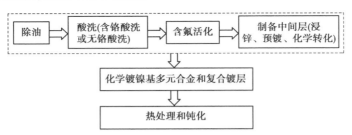

图 4.1.1　镁合金化学镀镍工艺示意图

4.2 锌在重防腐领域的应用

在重防腐领域,相对经济的含锌涂料(涂层/镀层)具有几乎无法替代的地位。锌是一种浅灰色的过渡金属,化学性质活泼,在常温下可以在表面生成一层薄而致密的膜,阻止进一步氧化。正是因为这层膜,锌被广泛应用于钢铁、冶金、机械、电气、化工等领域,是现代工业中相当重要的金属之一。与其他金属相比,锌是相对便宜而又易镀覆的一种金属,属低值防蚀电镀层,被广泛用于保护钢铁件,特别是防止大气腐蚀,并用于装饰。行业内对锌的用法主要包括热镀锌、冷镀锌、热喷锌、冷喷锌及含锌涂料(环氧富锌和无机硅酸锌)。

4.3 方波伏安法的理论技术进展

方波伏安法作为一种多功能、快速、高灵敏度和高效能的电分析方法,从一出现就因其突出的优点得到特别关注。方波伏安法由于其在电化学分析中的重要作用,受到国内外很多学者的关注。不少学者研究了方波阳极溶出伏安法、方波阴极溶出伏安法。随着对SWV 的深入研究,一些改进型新技术也相继涌现。20 世纪 80 年代,Fatouros 等人提出了多方波伏安法(MSWV)和积分多方波伏安法(IMSWV),这是在每个阶梯上叠加少于 10 个的方波脉冲,在每个半周期末采样或对其积分,以差值的总和为响应信号。IMSWV 较 MSWV 更灵敏(达 5×10^{-9} mol/L),能较好地降低噪声,但它们测定时间均较慢。莫金垣等人对SWV 进行了一系列的研究,提出了几种改进型 SWV 技术。由于 SWV 的响应信号是两采样电流相减,但正、负脉冲的电容电流方向相反,当采用高的扫描速度时,可能存在尚未完全衰减的充电电流,这时电流相减则充电电流为两充电电流绝对值的和,从而降低信噪比。由此提出了叠式方波伏安法(ASWV)及其卷积和导数,该法是将方波两采样电流相减改为相加,这样可将方波两个方向相反的充电电流相互抵消,更彻底地消除充电电流,允许用更高的扫描速度得到更高的信噪比。同时,对方波两采样电流同方向的体系如催化体系,则能大大提高灵敏度,采样电流相减的方式称为差式方波伏安法(DSWV)。DSWV 对可逆的方波振幅较大的简单电极反应、吸附和络合吸附等体系是灵敏的,而对其他一些体系,ASWV 较 DSWV 灵敏。DSWV 和 ASWV 是互为补充的,两者结合使 SWV 更完善,适用范围更广。另外,莫金垣等人还提出了方波伏库仑法(SWVC),该法是在 SWV 每个方波半周期的最后一段时间内进行连续多点采样,所得电流值(约 40 个点)对时间进行数值积分,将此正、负脉冲得到的电量(库仑)的差值或和值对阶梯电势作图得到伏库仑波,可有效降低随机噪声的影响。SWVC 既保持了 SWV 的优点,又较 SWV 灵敏。最近,一种名为阶梯脉冲伏安法(SPV)的方法又被提出,该方法是在阶梯扫描的每一阶梯中部加一脉冲,使正脉冲和负脉冲高度相等,则其充电电流绝对值相等,相加时也能较彻底地消除充电电流。该方法应用于不同体系时,其波形与相应的 ASWV 和 DSWV 相似。对以上各种 SWV 和 SPV 的充电电流从理论和实验上进行研究,证明采用叠式较差式有更好的消除充电电流效果,适用于更快的电势扫描。

4.4　差分脉冲阳极溶出伏安法连续进样分析装置自动测定天然水中的 Cd^{2+} 和 Pb^{2+}

目前,有一种电化学流动装置使用多壁碳纳米管(MWCNTs)/全氟磺酸(NA)/Hg 电极,通过微分脉冲阳极溶出伏安法结合顺序注射分析,测定水中的重金属离子(HMI)。多壁碳纳米管的高电导率和 Hg 的高吸附容量确保了测量准确性。NA 用于 MWCNTs 固定化,用于电极的长期应用。由于沉积过程中会形成另一层汞膜,因此需要在测量结束后进行清洁。使用与 MWCNTs/NA/Hg 修饰电极相结合的自动分析装置,可以实现 Cd^{2+} 和 Pb^{2+} 更低的检测下限(Cd^{2+} 0.02 μg/L;Pb^{2+} 0.17 μg/L)和更宽的测定范围。使用该装置对淡水中 Cd^{2+} 和 Pb^{2+} 的实时监测持续 10 天,研究结果表明,该方法具有现场和实时测定水样中重金属离子的潜力。

4.5　氧化石墨烯和果胶作为生物燃料分析电极修饰剂的阳极溶出伏安法中铅信号的增强

目前,有一种含有氧化石墨烯和果胶的复合材料(GO-PEC),通过微分脉冲阳极溶出伏安法在生物燃料分析过程中增加铅信号。为此,使用玻璃碳电极作为固定 GO-PEC 复合物的基材。通过循环伏安法、电化学阻抗谱、扫描电子显微镜、拉曼光谱和能量色散 X 射线光谱对该电极进行了表征。结果表明,GO-PEC 复合材料促使铅阳极溶出电流强度提高了 90 倍。含有 GO-PEC 复合物的电极线性范围为 $1.0×10^{-9} \sim 1.0×10^{-6}$ mol /L,检测下限为 $4.0×10^{-10}$ mol/L。该装置还表现出可重复和稳定的伏安响应以及对铅检测的优异选择性。该电极用于生物柴油和生物煤油样品中铅的测定。回收试验和火焰原子吸收光谱分析证实,该电极具有良好的铅检测精度和准确度。这些结果表明,这项工作开发的电极可以成功地用于生物燃料样品中的铅检测。

4.6　电子转移电极反应

电化学反应过程通常由反应物和产物的传质步骤或电子转移步骤所控制。电子转移步骤是整个电极过程的核心步骤,因此,研究电子转移步骤的动力学规律具有重要意义。

除单电子反应外,还有很多电极反应涉及多电子转移过程,如氧还原反应、氢析出反应等。氧还原反应是所有燃料电池、金属空气电池、多数金属腐蚀过程中重要的阴极反应。燃料电池是一种直接将燃料的化学能转化为电能的装置。从理论上来讲,只要连续供给燃料,燃料电池便能连续发电,已被誉为继水力、火力、核电之后的第四代发电技术。然而,燃料电池和金属-空气电池面临的主要问题之一是,缓慢的阴极氧还原反应动力学过程限制了电化学系统的效率。高活性和高稳定性的电催化剂仍然是目前提高氧还原效率的主要策略。最常见的催化剂是贵金属材料。

氧还原反应是反应历程复杂的多电子转移电极反应。氧还原反应过程可能会有 2e 途径和 4e 途径。氧还原反应经历 4e 途径会使其在较高电势 1.229 V 下工作,而 2e 途径会产生 H_2O_2,这样会使其电极电势只有还原为 H_2O 的一半,产生一半的电流。对于这种复杂电极过程的研究,旋转圆盘电极和旋转环盘电极是现代电化学测量中重要测试手段,不仅可以有效评价催化剂的电化学性能,而且能够研究复杂电极反应的动力学规律和反应历程。

4.7　聚苯胺的发展及其应用

1967 年秋天的一个下午,日本科学家白川英树的一名学生在合成聚乙炔时,误将 mmol 当成 mol,导致使用高出通常用量 1 000 倍的催化剂,使得本该得到黑色粉末聚乙炔变成了一种从未见过的具有银色金属光泽的聚合物。白川英树想这种聚合物是否具有像金属一样的导电性呢? 由此展开了对这种异常现象的研究。然而对于新现象机理的研究并不是一件简单的事,这让白川英树十分郁闷,直到 1977 年,白川英树和美国化学家艾伦·麦克德尔米德及物理学家艾伦·黑格发现聚乙炔薄膜经过碘掺杂后竟然真的呈现金属导电特性(电导率达到 $1\times10^3 \sim 1\times10^4$ S/cm),“聚合物=绝缘体”的观念从此被打破。2000 年的诺贝尔化学奖授予 3 位导电聚合物的开拓者。

而最早发现的广泛意义的导电聚合物,应该是聚苯胺。在 1860 年左右,伦敦医学院的化学教授 H. Letheby 试图检查聚苯胺的性能和选择性反应。他受两起由硝基苯所导致的中毒事件启发。当时,在受害者胃部的代谢物中找到了苯胺。Letheby 通过电聚合苯胺硫酸盐,在铂电极上得到了蓝黑色的固体层,并将其结果发表在 *Journal of the Chemical Society* 上。

Letheby 的研究代表着聚苯胺的真实诞生和早期的电化学聚合工作。在 Letheby 的论文中,他通过不同的氧化剂与苯胺反应,合成了好几种有色产物。不过,对于这一有色的苯胺衍生物的化学性质,人们知之甚少。在当时,其潜在价值没有被人们所发现,只是将黑色的聚苯胺作为染料使用,促进了苯胺黑在 19 世纪被大规模地应用于织物的印染当中。在后续零零散散的研究中,人们发现了聚苯胺的不同形态,分别是全氧化态的聚苯胺黑、浅色的还原态聚苯胺和绿色的半氧化中间体苯胺绿,同时确定了它们化学结构之间的转换。

聚苯胺在很多领域扮演着重要的角色,比如超大电容器、电致变色器件、电磁屏蔽织物、传感器等,在某些领域中,聚苯胺的有关产品已经商业化。

在电容器方面,聚苯胺由于导电和绝缘速度快,以及掺杂和脱掺杂过程的转变,已成为优秀的电极材料。

电致变色是指在外加偏电压感应下,材料的光吸收或光散射特性的变化。这种颜色的变化在外加电场移去后仍能完整地保留。聚苯胺的一个重要特性就是电致变色性,当电势在 $-0.2 \sim +1.0$ V 时,聚苯胺的颜色随电势变化而变化,由亮黄色(-0.2 V)变成绿色($+0.5$ V),再变至暗蓝色($+0.8$ V),最后变成黑色($+1.0$ V),呈现完全可逆的电化学活性和电致变色效应。当电势变化范围缩小到 $-0.15 \sim 0.4$ V 时,其电致变色的循环次数可达 1 000 000 次以上,响应时间在 100 ms 以内,而导电聚苯胺正好具有这种特性,故其可以用来作电致变色材料。但可惜的是,聚苯胺的变色并不是全色系的,并且制成的器件透明度不够高,影响外观。

电磁屏蔽主要是利用对电磁波的反射和吸收来消除或减弱电磁波,将聚苯胺运用到电磁屏蔽材料中,可增强其导电导磁性能,并且提高反射损耗和吸收损耗。

传感器很重要的一个性质便是它的灵敏性,而导电聚合物的电阻会由于挥发性物质的吸附和脱附而发生变化,因此,在传感器方面,它是颇有前途的材料。

腐蚀不仅减少金属设备的工作效率和使用寿命,还会降低其安全性能,导致事故的发生。在诸多防腐材料当中,聚苯胺以其结构多样、性能稳定、防腐性能优异等优点,被广泛应用于防腐工程领域。目前,研究人员将聚苯胺防腐机理归结于物理防腐作用、钝化作用、缓蚀作用等。物理防腐即利用聚苯胺涂层将金属与外界环境隔离从而起到防腐效果。Wessling 等人提出聚苯胺可以催化金属表面形成氧化膜。例如,在铁表面涂敷聚苯胺时,由于聚苯胺电势高于铁的氧化电势,低于氧气的还原电势,且聚苯胺可以在氧化态和还原态之间相互转化,因此,聚苯胺可以作为中间物分别与铁和氧气发生反应,减少金属界面的 OH^- 的生成,在防止涂层脱落的同时加快铁表面氧化膜的形成,进而起到防腐作用。胺类化合物的中心原子 N 上具有未共用的电子对,当金属表面上存在空的 d 轨道时,电子对即可与轨道间形成配位键,形成一层吸附在金属表面的保护膜,起到防腐作用。

4.8　有机电合成的应用

有机电合成的特点在于,其直接利用电流作用下的电子转移作为反应催化剂,使其引起原有化学键的破坏,建立新的化学键,达到绿色环保合成的目的。同时,与传统的有机合成不同,有机电合成的研究者关注化学反应在"电极/溶液"界面上的热力学与动力学的性质和这些反应在电化学系统内的反应可能性及其机理。

(1)有机电合成研究在电极制备中的应用

传统的阳极材料基本局限于铂、金和碳等惰性材料。有机聚合物为阳极材料的研究开辟了新的道路,且有望达到传统材料不能达到的要求,但它们的导电性和可塑性还是不能完全令人满意。有研究者为了克服金属材料作为阳极材料的不足,将金属分散在二氧化锆(YSZ)晶体中,制成多孔金属陶瓷阳极,利用镍起电子传导和催化的作用,YSZ 保护镍免于烧蚀。Xie 等人在此基础上进行了再加工,在 CeO_2 掺杂钐形成 SDC 体系,获得了多元合金陶瓷电极 $Fe_{0.25}Co_{0.25}Ni_{0.5}/Sm_{0.2}Ce_{0.8}O_{1.9}$,与单一金属 Ni/SDC 相比,具有更高的电催化活性。此外,还有研究者将内阻较低的金属或金氧化物分散固载于诸如碳、石墨、导电聚合物等多种载体上制成催化剂修饰电极。

(2)有机电合成研究在离子交换膜中的应用

在工业化生产中,离子交换膜的相关研究是有机电合成领域一个具有重大实用价值的课题。同时,离子交换膜的制造、活化也是有机电解合成工业中的关键技术问题之一,相关领域发展活跃,不断有新的理论模型被提出。

(3)有机电合成研究在聚合物材料中的应用

有机高分子聚合材料是现代合成材料的突破性发展,电聚合带来了大量新的有机高分子电聚合物以供研究者筛选和改造。如苯式~醌式结构单元共存的聚苯胺模型的提出,使聚苯胺一跃成为当今导电高分子材料的研究热点,随后众多研究者开展了对聚苯胺的结构、特性、合成、掺杂改性等方面深入的研究。此外,对聚合材料的研究也结合了现代纳米技术。

(4)有机电化学合成研究在功能材料中的应用

有机电化学合成提供的有机功能材料有着广泛的用途,如作为显示元件和敏感器件。新型的显示元件——电显示元件(ECD)不但没有视角依赖,适用于各种型号的显示器件,还有存储功能。当对具有电化学氧化还原活性的电解聚合物作为 ECD 材料进行探讨时发现,这类电解聚合物在掺脱某些离子的过程中,伴随着明显的颜色变化。因此,可以改变材料结构来显示多种颜色。如选择不同单体,聚苯胺类可以得到从无色变成红、蓝、绿三原色的聚合物,从而显示任意颜色,它们反应迅速(10~20 ms),重复特性也很高。

聚合材料可作为性能优良敏感元件。如有研究者在金网电极上聚合聚吡咯膜,研究发现其不与 H_2、CO_2 和 CH_4 等发生反应,导电性也不发生变化,但与 NO_2、NH_3、H_2S 等毒性气体有明显的反应。还有研究者筛选出两种微生物用于传感器研究,检测水中 NO_2^- 的灵敏度可达到 1 μmol/L,且在 3 min 内完成 90% 的反应,完全可以用于废水中 NO_2^- 的在线监测。

4.9　阻抗测量技术介绍

(1)锁相放大技术

锁相放大器实质上是一种特殊类型的交流电压表,它使用相敏检测器精确地测量有很强背景噪声的低电平信号。因此,它具有很强的抗干扰能力,即使是简单的锁相放大器也可以把有用信号从比它高 20 000 倍的噪声中检测出来。

它的原理是对待测信号除了进行频率放大还锁定其相位进行放大。而存在频率和相位都与有用信号相同的噪声的概率很低,因此,它可以获得高质量的信号。

这一方法的优点是灵敏度高,抗干扰能力强,谱波畸变小,可抑制直流噪声,仪器价格相对较低。它的缺点是操作复杂,测量速度慢,难以在 1 Hz 以下的低频区测量。使用计算机控制后,前两个问题已经基本解决了。

(2)相关积分技术

频率响应分析仪(FRA)是使用相关积分技术的代表性仪器。它是一个数字解调扫频阻抗表,同时还是双通道相关分析仪。FRA 中的相关器实际上是一个积分器和一个乘法器组合而成的,它把通过电化学池时激励信号的响应分别与一个同相参考信号和一个 90° 相移的参考信号相关来测定体系的实部与虚部阻抗。它可以进行 50 μHz ~ 100 kHz 范围的阻抗测量。

由于电化学池的非线性,响应信号中会有谱波失真和噪声,相关积分可以抑制它们,提高输出信号的信噪比,尤其是采用多次积分更为有效。

使用 FRA 还可以进行谱波分析。FRA 还可以在恒电流条件下测定阻抗。

这种方法的优点是分析速度比相锁定方法快,适用于宽频率,抑制噪声能力强,操作简单。不足之处是价格高,灵敏度低。

(3)多波形 FFT 技术

通过计算机产生的振幅相同而相位和频率不同的正弦波混合激励信号,称为伪随机白噪声。以此为激励信号施加到待测体系上,对其响应进行 FFT 反变换,就可以获得各分立频率的阻抗响应。

它的主要优点是低频数据的测量速度快,与单波形技术相比,在相同精度下测定速度要快一倍。

4.10 电池的电化学性能

电池的性能包括容量、电压特性、内阻、自放电、温度性能、循环性能等,由于电池应用领域不同,因此对电池的性能要求也不尽相同。对于不同种类的电池,如原电池与二次电池,其检测的手段与检测的指标是有区别的。原电池的检测,如容量的检测是破坏性的,其容量在检测后不可恢复;而二次电池对容量的检测不具有破坏性,只有在进行寿命测试时才具有破坏性。部分电池性能的测试技术也同样可用于单个电极的性能测试,比如充放电性能与容量测试、循环性能测试、自放电性能测试等。

对于二次电池,循环寿命是很重要的指标。循环寿命也称为循环耐久性,测试方法与充放电性能测试基本一致,只是在寿命测试过程中要重复充放电测试过程,直到容量降低到某一规定值。对于不同类型或用途的化学电源,寿命终止的规定是不同的,一般规定为容量降低至初始容量的60%左右。在电池寿命的测试中,电池的容量并不是衡量电池循环寿命的唯一指标,还应该综合考虑其电压特性、内阻的变化等。循环性能良好的电池,在经过多次循环后,不仅要容量衰减不超过规定值,其电压特性也应该无大的衰减。

化学电源除要求具有良好的电化学性能,还必须保证储存与工作期间对人员和设备没有伤害。因此,安全问题是化学电源应用中的重要问题,国家标准对安全性测试有严格规定。

对于密封型二次电池,在过充或过放的情况下,都会引起气体在电池内的迅速积累,导致内压迅速上升,因此,大多数密封型电池都设计了安全阀。如果内压升高到一定程度,安全阀不能及时开启,可能会使电池发生爆裂。在通常情况下,安全阀在一定压力作用下会开启释放掉多余的气体,气体泄出后,会导致电解液量减少,严重时使电解液干涸,电池性能恶化,直至失效。在气体泄出过程中带出一定量的电解液,对用电设备有腐蚀作用。因此,一个性能优良的电池应有良好的耐过充能力,绝对不能有爆裂的现象出现,并且在一定的过充放程度下,不能出现泄漏现象,电池外形也不应发生变化。

电池安全性测试项目主要包括震动、短路、跌落、机械冲击、挤压、热滥用、针刺实验、耐高温实验、温度循环等,以模拟电池在各种实际可能环境下的性能,一般要求电池不起火、不爆炸。

附录

附录1　标准电极电势

半反应	$E^{\ominus}/V$
$F_2(g)+2H^++2e^-\!=\!\!=\!\!=\!2HF$	3.06
$O_3+2H^++2e^-\!=\!\!=\!\!=\!O_2+2H_2O$	2.07
$S_2O_8^{2-}+2e^-\!=\!\!=\!\!=\!2SO_4^{2-}$	2.01
$H_2O_2+2H^++2e^-\!=\!\!=\!\!=\!2H_2O$	1.77
$MnO_4^-+4H^++3e^-\!=\!\!=\!\!=\!MnO_2(s)+2H_2O$	1.695
$PbO_2(s)+SO_4^{2-}+4H^++2e^-\!=\!\!=\!\!=\!PbSO_4(s)+2H_2O$	1.685
$Ce^{4+}+e^-\!=\!\!=\!\!=\!Ce^{3+}$	1.61
$MnO_4^-+8H^++5e^-\!=\!\!=\!\!=\!Mn^{2+}+4H_2O$	1.51
$Au(\text{Ⅲ})+3e^-\!=\!\!=\!\!=\!Au$	1.50
$PbO_2(s)+4H^++2e^-\!=\!\!=\!\!=\!Pb^{2+}+2H_2O$	1.455
$Au(\text{Ⅲ})+2e^-\!=\!\!=\!\!=\!Au(\text{Ⅰ})$	1.41
$ClO_4^-+8H^++7e^-\!=\!\!=\!\!=\!1/2\ Cl_2+4H_2O$	1.34
$Cr_2O_7^{2-}+14H^++6e^-\!=\!\!=\!\!=\!2Cr^{3+}+7H_2O$	1.33
$MnO_2(s)+4H^++2e^-\!=\!\!=\!\!=\!Mn^{2+}+2H_2O$	1.23
$VO_2+2H^++e^-\!=\!\!=\!\!=\!VO^{2+}+H_2O$	1.00

半反应	$E^{\ominus}/\text{V}$
$Cu^{2+}+I+e^- \Longrightarrow CuI(s)$	0.86
$Hg^{2+}+2e^- \Longrightarrow Hg$	0.845
$Ag^++e^- \Longrightarrow Ag$	0.799 5
$Hg^{2+}+2e^- \Longrightarrow 2Hg$	0.793
$Fe^{3+}+e^- \Longrightarrow Fe^{2+}$	0.771
$AsO_2^-+2H_2O+3e^- \Longrightarrow As+4OH^-$	0.68
$2HgCl_2+2e^- \Longrightarrow Hg_2Cl_2(s)+2Cl^-$	0.63
$Hg_2SO_4(s)+2e^- \Longrightarrow 2Hg+SO_4^{2-}$	0.615 1
$MnO_4^-+2H_2O+3e^- \Longrightarrow MnO_2+4OH^-$	0.588
$MnO_4^-+e^- \Longrightarrow MnO_4^{2-}$	0.564
$Mo(VI)+e^- \Longrightarrow Mo(V)$	0.53
$Cu^++e^- \Longrightarrow Cu$	0.52
$HgCl_4^{2-}+2e^- \Longrightarrow Hg+4Cl^-$	0.48
$[Fe(CN)_6]^{3-}+e^- \Longrightarrow [Fe(CN)_6]^{4-}$	0.36
$Cu^{2+}+2e^- \Longrightarrow Cu$	0.337
$VO_2^++2H^++2e^- \Longrightarrow V^{3+}+H_2O$	0.337
$BiO^++2H^++3e^- \Longrightarrow Bi+H_2O$	0.32
$Hg_2Cl_2(s)+2e^- \Longrightarrow 2Hg+2Cl^-$	0.267 6
$Cu^{2+}+e^- \Longrightarrow Cu^+$	0.519
$2H^++2e^- \Longrightarrow H_2$	0.000
$O_2+H_2O+2e^- \Longrightarrow HO_2^-+OH^-$	−0.067
$Fe^{2+}+2e^- \Longrightarrow Fe$	−0.440
$Zn^{2+}+2e^- \Longrightarrow Zn$	−0.763
$2H_2O+2e^- \Longrightarrow H_2+2OH^-$	−0.828
$Mn^{2+}+2e^- \Longrightarrow Mn$	−1.182
$Mg^{2+}+2e^- \Longrightarrow Mg$	−2.37
$Li^++e^- \Longrightarrow Li$	−3.042

附录2　参比电极在25℃时的电极电势及温度系数

名　称	体　系	E/V	$(dE/dT)/(mV \cdot K^{-1})$
氢电极	$Pt, H_2 \mid H^+ (a_{H+} = 1)$	0.000 0	—
饱和甘汞电极	$Hg, Hg_2Cl_2 \mid$ 饱和 KCl	0.241 5	−0.761
标准甘汞电极	$Hg, Hg_2Cl_2 \mid 1$ mol KCl	0.280 0	−0.275
甘汞电极	$Hg, Hg_2Cl_2 \mid 0.1$ mol KCl	0.333 7	−0.875
银-氯化银电极	$Ag, AgCl \mid 0.1$ mol KCl	0.290	−0.3
氧化汞电极	$Hg, HgO \mid 0.1$ mol KCl	0.165	—
硫酸亚汞电极	$Hg, Hg_2SO_4 \mid 0.1$ mol H_2SO_4	0.675 8	—
硫酸铜电极	$Cu \mid$ 饱和 $CuSO_4$	0.316	−0.7

附录3　不同金属在不同介质中的耐腐蚀性能

流　体	材　料				
	钢碳	铸铁	302/304 不锈钢	316 不锈钢	青铜
乙醛	A	A	A	A	A
乙酸,气	C	C	B	B	B
醋酸,汽化	C	C	A	A	A
醋酸,蒸气	C	C	A	A	B
丙酮	A	A	A	A	A
乙炔	A	A	A	A	L
醇	A	A	A	A	A
硫酸铅	C	C	A	A	B

续表

流 体	材 料				
	钢碳	铸铁	302/304 不锈钢	316 不锈钢	青铜
氨	A	A	A	A	C
氯化铵	C	C	B	B	B
硝酸铵	A	C	A	A	C
磷酸铵	C	C	A	A	B
硫酸铵	C	C	B	A	B
亚硫酸铵	A	C	A	A	C
苯胺	C	C	A	A	C
苯	A	A	A	A	A
苯甲酸	C	C	A	A	A
硼酸	C	C	A	A	A
丁烷	A	A	A	A	A
氯化钙	B	B	C	B	C
次氯酸钙	C	C	B	B	B
石炭酸	B	B	A	A	A
二氧化碳(干)	A	A	A	A	A
二氧化碳(湿)	C	C	A	A	B
二氧化碳	A	A	A	A	C
四氯化碳	B	B	B	B	A
碳酸	C	C	B	B	B
氯气(干)	A	A	B	B	B
氯气(湿)	C	C	C	C	C
氯气(液态)	C	C	C	C	B

说明:A 表示能被成功应用;B 表示应用过程注意;C 表示不能被应用;L 表示缺乏应用。

附录 4　聚苯胺经不同酸掺杂后的导电性能

掺杂酸	盐酸	樟脑磺酸	硫酸	磺基水杨酸	甲基苯磺酸	十二烷基苯磺酸
电导率/(S·cm^{-1})	0.3	0.5	0.7	0.8	100	200

附录 5　部分金属的电阻率及电导率数据

金　属	温度/(℃)	电阻率/(10^{-8}Ω·m)	电导率/(10^7S·m^{-1})
银	20	1.59	6.31
铁	20	9.71	1.03
铜	20	1.68	5.96
金	20	2.40	4.17
铂	20	1.06	9.43
镁	20	4.45	2.25
锌	20	5.20	1.92
钴	20	6.64	1.51
镍	20	6.84	1.46